3 COLEÇÃO
EMERGÊNCIA CLIMÁTICA

Observatório Interdisciplinar das Mudanças Climáticas
mórula EDITORIAL

ANTROPOCENO, MUDANÇAS CLIMÁTICAS E CIÊNCIAS SOCIAIS NO BRASIL

Carlos R. S. Milani
Luisa Harduim
Mariana Castro (ORG.)

REVISÃO
Arman Neto

CIP-BRASIL. CATALOGAÇÃO NA PUBLICAÇÃO
SINDICATO NACIONAL DOS EDITORES DE LIVROS, RJ
Elaborado por Carla Rosa Martins Gonçalves – CRB 7/4782

A1

Antropoceno, mudanças climáticas e ciências sociais no Brasil / organização Carlos R. S. Milani, Luisa Harduim, Mariana Castro. – 1. ed. – Rio de Janeiro: Mórula, 2025.
292 p. ; 21 cm. (Emergência Climática ; 3)

Inclui bibliografia.
ISBN 978-65-6128-141-6

1. Mudanças climáticas – Brasil. 2. Mudanças climáticas – Influência do homem – Brasil. 3. Mudanças climáticas – Aspectos sociais – Brasil. I. Milani, Carlos R. S. II. Harduim, Luisa. III. Castro, Mariana. IV. Série.

25-100230.0 CDD: 551.6981
CDU: 504(81)

Rua Teotônio Regadas 26 sala 103
20021_360 _ Lapa _ Rio de Janeiro _ RJ
www.morula.com.br _ contato@morula.com.br
morulaeditorial morula_editorial

SUMÁRIO

INTRODUÇÃO GERAL

Carlos R. S. Milani
Luisa Harduim
Mariana Castro

Qual é o potencial da ação coletiva para pensar o Antropoceno e salvar o planeta? Qual é o papel das forças sociais nesse processo? A complexidade do tema das mudanças climáticas antropogênicas e sua gravidade são de proporções desmedidas. O desafio de explicar os impactos do aumento do aquecimento global resulta em um chamado claro e urgente a todas as sociedades e comunidades: continuaremos em risco de extinção? Admitir a ameaça à espécie humana é encarar a questão de frente e, portanto, assumir a angústia e decidir confrontar as crises. Nem tudo está sob nosso controle, embora seja indispensável questionar os domínios — o que supostamente foi ou não dominado, o que dominamos e o que não podemos dominar. Domínio significa poder, mas também conhecimento. Ciência e política são dimensões inseparáveis em qualquer estudo sobre mudanças climáticas, já que estamos falando sobre processos socioambientais e relativos ao funcionamento do sistema-Terra que rompem fronteiras, espaços, gerações, temporalidades e, portanto, somente são passíveis de compreensão por meio de diálogos interdisciplinares. Esse foi o propósito do primeiro seminário organizado pelo Observatório Interdisciplinar das Mudanças Climáticas (OIMC), da Universidade do Estado do Rio de Janeiro (UERJ), nos dias 30 e 31 de março de 2023, cujos principais resultados se encontram aqui reunidos.[1]

As ciências sociais e humanas dispõem de qualidades indispensáveis tanto para a construção e a problematização dos diagnósticos das mudanças climáticas quanto para as justificativas dos caminhos de enfrentamento, por vezes, em disputa. Ao tratarmos das causas antropogênicas da emergência climática, cada vez mais, o conceito de Antropoceno é veiculado no debate público, ampliando o mosaico de verbetes sobre o tema.[2] O Antropoceno se refere à época geológica e social atual, em que as ações humanas coletivas são intensas forças de alterações do clima planetário (Crutzen; Stoermer, 2000; Demeritt, 2001). Segundo o relatório de 2021 do Painel Intergovernamental das Mudanças Climáticas (IPCC), a partir do último século, a cada quatro décadas, a temperatura global persiste sucessivamente mais elevada, devido a uma grande aceleração de emissões de gases de efeito estufa (GEE) por atividades humanas e, principalmente, devido à expansão da economia fóssil (petróleo, gás e carvão). Consequentemente, vem ocorrendo uma significativa transformação dos ecossistemas globais e do clima do planeta (Crutzen; Steffen, 2003).

As consequências de um clima global com médias de temperaturas mais elevadas são catastróficas, incluindo maior probabilidade de eventos climáticos extremos (chuvas volumosas, ciclones e furacões com mais intensidade e em novas regiões, ondas de calor e secas prolongadas etc.), assim como complexos processos metabólicos, a exemplo da acidificação dos oceanos, do aumento do nível dos mares e do derretimento do permafrost (ou seja, da camada congelada do

---

1. Mais informações sobre o seminário estão disponíveis em: **https://obsinterclima.eco.br/seminario/**.

2. Muitos verbetes do léxico climático podem ser pesquisados no glossário elaborado pelos pesquisadores do OIMC, disponível em: **https://obsinterclima.eco.br/glossario/**.

subsolo, em especial nas regiões do Ártico e da Sibéria).[3] Diante disso, diversas vertentes de pesquisas têm focado em dinâmicas específicas, embora a maioria delas conteste a afirmação de que dominamos ou dominaremos a natureza. A crítica aos domínios é fundamental, tanto para aprofundar as análises sobre o tema, quanto para identificar as distinções de quem mais contribui para a geração dos problemas.

Como parte do imaginário social na modernidade, a dualidade natureza-sociedade demarca um dos eixos centrais da reflexividade contemporânea. Frequentemente, a natureza é expressa como um pano de fundo ambiental controlado por tecnologias humanas, embora seja tanto um ecossistema vivente quanto forças estruturantes da nossa própria sobrevivência. Nesse sentido, o desafio de crítica teórica consiste em incorporar a história natural à história social, a fim de reinventar os horizontes políticos (Chakrabarty, 2009). A natureza trabalhada pela política e o meio ambiente como produto da história (Milani, 2008) são pilares importantes de análise científica para o atual momento histórico. A qualificação da natureza como exterioridade consolida seu processo de objetificação em tendências históricas de sua exploração e apropriação (Domingues, 2022).

Entre os estudos que introduzem os sentidos do termo Antropoceno, a explicação de uma sociogênese das mudanças climáticas é somente entendida graças às variáveis de desigualdades socioeconômicas, sobretudo na relação entre a geopolítica mundial e as economias políticas nacionais (Malm; Hornborg, 2014). Portanto,

---

3. O permafrost é uma camada congelada do subsolo em áreas frias, como o Ártico, contendo materiais orgânicos preservados há milhares de anos. Seu derretimento traz graves consequências, liberando gases de efeito estufa, como CO2 e metano, agravando as mudanças climáticas. Esse processo cria um ciclo de *feedbacks* que aumenta o aquecimento da Terra. O derretimento também causa instabilidade do solo, afetando comunidades e ecossistemas, inclusive populações indígenas. As alterações nos ecossistemas impactam água, vegetação e biodiversidade. Em suma, o derretimento do permafrost desencadeia efeitos complexos, ampliando problemas climáticos globais e comprometendo várias áreas da vida humana e ambiental.

é fundamental perguntar-se quais são as especificidades das ações humanas, suas identidades e seus impactos na alteração do clima global. Afinal, os seres humanos são subjetividades coletivas descentradas, cujas atividades em relação à natureza não se resumem à chave sujeito-objeto, ou seja, sujeito ativo que domina e objeto passivo dominado (Chernilo, 2017), tampouco é coerente responsabilizar identicamente todo um grupo social como se dentro dele não houvesse assimetrias, desigualdades e diferenças que importam para entender as causas e os impactos da emergência climática.

Algumas pesquisas aprofundaram diferentes facetas humanas no Antropoceno, como é o caso do Ecoceno e a dimensão dos interesses das economias de mercado, ao desconsiderar os limites dos recursos naturais, além de restringir o acesso e destruir os bens comuns (Norgaard, 2013). A partir da crítica à falsa dominação do humano sobre a natureza, o conceito de Technoceno expõe a intrínseca relação entre seres humanos e o meio ambiente em uma intensa rede chamada tecnoesfera (Haff, 2014). Outras pesquisas aprofundam as especificidades dos modos de produção e consumo global, ressaltando como o conceito de Capitaloceno localiza na tendência histórica do capitalismo o núcleo estrutural da desvalorização da natureza, a criação de uma perspectiva de "natureza barata" (Moore, 2016, p. 78) que legitima sua excessiva e contínua exploração.

'Viver bem e morrer bem' tem-se tornado uma pauta importante nos diálogos entre movimentos socioambientais e climáticos, movimentos indígenas, comunidades quilombolas e tradicionais, envolvendo atores políticos em espaços de decisão e cientistas das ciências exatas, naturais, sociais e humanas. Ao reconhecer nossas sociedades como sistemas multiespécies, o conceito Chthuluceno amarra o passado, o presente e o futuro em uma crítica interseccional (Haraway, 2016). Tanto na atribuição de responsabilidades quanto na vulnerabilização de grupos sociais, distintas posicionalidades de raça, gênero e classe se tornam indispensáveis para retratar a realidade socioambiental e climática atual.

Por isso, todos os debates organizados ao longo do Seminário "Antropoceno, Mudanças Climáticas e Ciências Sociais no Brasil" partiram da premissa de que a intensificação das mudanças climáticas é um problema científico, teórico, político e educacional, sintetizado na imagem do Antropoceno. Esse conceito-diagnóstico implica que as concepções dos mundos natural e social nas quais repousam a sociologia, a ciência política, a filosofia etc. estão sendo questionadas, além da urgência de se produzirem políticas ambientais sob novas perspectivas, nas quais é necessário reformular o significado de desenvolvimento, prosperidade, liberdade, suficiência e justiça (Milani, 2022).

O Antropoceno, a emergência climática e a crise socioambiental suscitam uma nova forma de pensamento e abrem as ciências sociais e humanas para o profundo significado desta nova época geológica e social. Nesse sentido, qualquer desafio político respondido por um 'acordo verde' tensiona a reconfiguração do modo de produção capitalista no limiar entre a natureza e a sociedade (Domingues, 2021), assim estabelecendo a conexão entre as crises socioambientais e climáticas em uma condição de policrise (Morin; Kern, 1993; Homer-Dixon, 2022). Ao levarmos a sério que no Antropoceno os humanos se tornaram uma força da natureza, mudando o funcionamento do sistema terrestre, é preciso, ao mesmo tempo, pôr um fim na ideia da natureza como nada mais que o pano de fundo inerte das relações humanas.

Foi desse acontecimento, inclusive, que o OIMC emergiu, ainda na pandemia do novo coronavírus, com seu lançamento oficial em 20 de outubro de 2020. Desde então, temos nos ocupado da ideia científica da nova época geológica e suas implicações humanas, sociais, políticas e econômicas. No intuito de traduzir a problemática climática em agendas de pesquisa, os integrantes desse grupo aprofundam diferentes abordagens críticas sobre o Antropoceno presentes, por exemplo, nos Cadernos do OIMC.[4] E, tendo esse contexto anterior

4. Disponível em: https://obsinterclima.eco.br/cadernos/.

em mente, o OIMC organizou o seminário "Antropoceno, Mudanças Climáticas e Ciências Sociais no Brasil", sob a coordenação de Carlos R. S. Milani e José Maurício Domingues, com a participação executiva das doutorandas Luisa Harduim e Mariana Castro. Este volume reúne um conjunto de capítulos desenvolvidos a partir de algumas das apresentações no evento, organizado na Universidade do Estado do Rio de Janeiro (UERJ).

Adotando como meta de longo prazo a construção de contribuições teóricas e empíricas para a compreensão deste momento histórico, o objetivo do evento de 2023 foi promover uma discussão, principalmente a partir das humanidades, sobre as perspectivas da emergência climática e suas consequências na crise política, ambiental e civilizacional contemporânea, mas sempre em diálogo com as ciências naturais e exatas. Nossa intenção foi justamente apresentar uma reflexão teórico-conceitual que potencializasse a nossa imaginação política e a nossa ação prática em torno da subsistência das relações entre agentes humanos e não-humanos que compõem o que chamamos de planeta Terra.

O conjunto de pesquisadores e pesquisadoras convidados para o Seminário de 2023 têm-se destacado por sua atuação em seus campos do conhecimento, com contribuições em diferentes áreas das ciências sociais e humanas, provocando importantes reflexões sobre o campo político-científico do Antropoceno e da emergência climática. Nem todos os participantes puderam estar presentes fisicamente no evento, mas conseguiram estabelecer uma fértil interlocução com o público e participantes. Nossa intenção, com esse seminário e o livro que ora publicamos, é estabelecer uma primeira plataforma de diálogo contínuo e crítico sobre o Antropoceno e temas associados, tais como justiça climática, desigualdades e mudanças climáticas, negacionismo climático, desinformação e integridade da informação em matéria de clima, entre outros. Buscamos, com isso, contribuir para aumentar a produção acadêmica e a sensibilidade da intelectualidade em geral para a urgência e a gravidade da emergência climática.

Este volume inclui capítulos de dezessete autores e autoras, nacionais e internacionais, que participaram do Seminário de 2023, apresentando suas contribuições ao debate proposto pelos seus organizadores em torno de cinco mesas: (Mesa 1) Antropoceno e relações natureza-cultura; (Mesa 2) Justiça climática, democracia e direitos socioambientais; (Mesa 3) Emergência climática e transições ecológico-sociais; (Mesa 4) Políticas públicas e emergência climática; e (Mesa 5) Ecopolítica mundial e ação coletiva no campo climático. Os capítulos aqui reunidos foram reorganizados em três partes, apresentadas a seguir, refletindo a diversidade de perspectivas trazidas e a riqueza das discussões publicadas neste livro. A cada autora e autor o nosso muito obrigado por terem aceitado participar desta coletânea.

A parte 1, intitulada "Relações natureza-sociedade, justiça climática e direitos socioambientais", é composta de três capítulos. Danielle Costa da Silva e Pablo Saturnino Braga discutem as relações entre justiça climática e a agenda dos direitos humanos, principalmente na perspectiva das populações em situação de maior vulnerabilidade. Nesse capítulo, apresentam um importante debate conceitual a respeito da justiça climática, as consequências dos impactos assimétricos das mudanças climáticas nos direitos humanos de populações vulneráveis e as medidas internacionais voltadas para a reparação de violações e para a adaptação das normas internacionais de proteção aos direitos humanos. Nesse contexto, é possível perceber a emergência de reivindicação de direitos, a busca por justiça social para além da dimensão socioambiental na problematização das mudanças climáticas e a necessidade de ações normativas no campo do direito internacional dos direitos humanos para a efetiva promoção da justiça climática.

Sob ótica semelhante, Denise Vitale, Danielle Rached e Marta Machado abordam as agendas contrárias do governo de Jair Bolsonaro voltadas para as mulheres negras e indígenas. As autoras sustentam a tese de que existe uma afinidade eletiva entre o que denominam de populismo de direita e as agendas contrárias ao meio ambiente, aos povos indígenas e à equidade de gênero. As autoras traçam um panorama da situação brasileira entre 2019 e 2022, enfatizando o desmonte sistemático da construção institucional plural delineada no âmbito da Constituição Federal de 1988. O objetivo central do capítulo é evidenciar como os líderes populistas e suas políticas impõem fardos adicionais sobre as mulheres, acentuando as disparidades pré-existentes.

Myanna Lahsen analisa o papel da ciência diante das transformações de um mundo em emergência climática. A antropóloga apresenta como as atuais agendas de pesquisa não sustentam, de forma adequada, as mudanças sociais em direção ao que poderia ser uma sustentabilidade socioambiental. Nesse contexto, Lahsen argumenta que as relações de poder-saber estão no cerne do problema. Por isso, as intervenções e linhas de pesquisa que produzem discussões com maior capacidade de incidência tendem a enfrentar obstáculos para se desenvolverem. Esse problema só pode ser superado por meio da construção de novos modos de entendimento do problema climático, das relações entre humanos e a natureza e da produção de outros tipos de políticas públicas.

A parte 2, intitulada "Emergência climática, transições ecológico-sociais e políticas públicas", é iniciada com o capítulo de Henri Acselrad, que argumenta a favor da necessidade de pensar as mudanças climáticas na tensão entre hiper politização e recusa da política. Nas circunstâncias históricas da segunda metade do século XX, o advento da questão ambiental pôs em xeque a legitimidade de certas práticas espaciais, cujos efeitos, até então desconsiderados, seriam alegadamente danosos às condições ecológicas da vida social. As formas sociotécnicas de apropriação e uso do ar, das águas e dos sistemas vivos passaram a ser problematizadas sob uma ótica 'ambiental', a saber, de seus impactos sobre as condições ecológicas de reprodução dessas mesmas formas de apropriação. A definição de sistemas causais explicativos dos processos de degradação do ambiente foram se configurando, no plano internacional, de forma diferenciada conforme as condições geofisiográficas, as trajetórias históricas de ocupação dos territórios e as correlações de forças sociais próprias a cada país no debate em torno dos padrões de desenvolvimento em cada contexto. Esforços de unificação de análises causais foram se dando, por sua vez, no âmbito das conferências internacionais da ONU, em particular nas conferências das partes como aquelas sobre biodiversidade e mudanças climáticas e, no caso destas últimas, no âmbito do IPCC.

Nesse contexto, Henri Acselrad argumenta que a propensão de tais instituições internacionais a pressuporem a questão climática como intrinsecamente consensual implicou, entretanto, desconsiderar as relações contraditórias que atravessam blocos geopolíticos, setores econômicos e grupos sociais divididos desigualmente em suas capacidades de afetar e serem afetados pelos fenômenos climáticos. Consequentemente, a discussão tendeu a se concentrar, de forma pragmática, em soluções de proficiência técnica, eficiência energética, tecnologias verdes, mercados de carbono e mecanismos de compensação, fazendo da mudança climática um momento das estratégias ditas de modernização ecológica do capitalismo, que visam à celebração da economia de mercado, do progresso técnico e do consenso político.

Ainda na parte 2 desta coletânea, Leila da Costa Ferreira analisa em seu texto a importância da questão climática para a transformação social e sua relação com o presente e o futuro do Brasil. O objetivo principal do texto é analisar as políticas brasileiras de mudanças climáticas tanto no nível nacional como nos níveis estaduais e locais. A autora demonstra o envolvimento de muitos atores nesse processo e a importância da interdisciplinaridade na compreensão do problema. Ademais, desenvolve sua reflexão sobre a nova democracia no Brasil e sua relação com a descarbonização da economia, a sustentabilidade ambiental e a equidade social.

No último capítulo desta parte 2, Elizabeth Mohle, Lucas Christel e Ricardo Gutiérrez apresentam os resultados de uma pesquisa coletiva sobre os modelos de desenvolvimento e a obstrução climática na

Argentina. A América Latina é chamada a desempenhar um papel central nos esforços de descarbonização da economia mundial e na luta contra a mudança climática. Os grandes recursos estratégicos da região aparecem tanto como objeto de aprofundamento dos processos extrativistas quanto como potencial contribuição para a economia verde. No caso da Argentina, tendências contraditórias podem ser identificadas a partir da combinação de uma promessa ambiciosa de reduzir as emissões de gases de efeito estufa (GEE) até 2030 e um compromisso estratégico com os setores rural e energético como eixos de recuperação econômica pós-pandemia. Nesse capítulo, os autores analisam as estratégias de obstrução que buscam impedir ou atrasar as políticas climáticas e a transição energética na Argentina. A partir de uma perspectiva centrada nas coalizões ambientais e com base em entrevistas semiestruturadas com diversos atores, buscam responder as seguintes perguntas de pesquisa: quem são os atores-chave que trabalham para obstruir a ação climática e a transição energética na Argentina? Como eles estão organizados nos níveis local, subnacional e nacional? Quais são suas razões, estratégias e discursos que adotam? Esta pesquisa faz parte do projeto "Clashes in Paradise: Development Models and Climate Obstruction in Argentina and Brazil", financiado pela Brown University e The Climate Social Science Network, que busca a produção e disseminação de conhecimento relevante sobre narrativas, formas e meios utilizados por atores estatais e não estatais no campo das ações de negação, atraso e obstrução do clima na Argentina e no Brasil.

A parte 3 desta obra, intitulada "Ecopolítica mundial e ação coletiva no campo climático", inicia-se com o capítulo de Ademar Martins de Vasconcelos, Henrique Pereira e Myriam Lopes, versando sobre o princípio das "Responsabilidades Comuns, porém Diferenciadas" (RCPD), no âmbito da Convenção-Quadro das Nações Unidas sobre Mudança do Clima (UNFCCC, da sigla em inglês). Este princípio do direito ambiental internacional foi se firmando ao longo das conferências de meio ambiente da ONU e acabou sendo aplicado nas negociações da UNFCCC. Esse capítulo analisa como as mudanças na aplicação do princípio podem ter influenciado a efetividade da Convenção e seus protocolos mediante a comparação entre os resultados alcançados pelo conjunto dos países do Protocolo de Quioto (2007) e os compromissos nacionalmente determinados no âmbito do Acordo de Paris (2015).

Diogo Ives apresenta a agenda da governança de florestas na ONU em meio à competição geopolítica e estratégica entre Estados Unidos e China. O capítulo formula a hipótese de que ações internacionais recentes no tema da governança de florestas, articuladas no âmbito da ONU, integram uma estratégia liderada por potências do G7 e da OTAN para disputar, com a China, a capacidade de influência sobre esses territórios. Inicialmente, o autor apresenta um breve resumo histórico de debates e ações sobre governança florestal na ONU, a partir da Conferência das Nações Unidas sobre Meio Ambiente e Desenvolvimento, a Eco-92. Em seguida, explica a inovação que significou, para essa agenda, tanto a Declaração de Líderes sobre Florestas e Uso da Terra, de 2021, quanto a Parceria de Líderes para Florestas e Clima (PLFC), de 2022. Por fim, o autor busca construir hipóteses interpretativas acerca do interesse dos Estados Unidos e outras potências ocidentais em patrocinarem a PLFC à luz de políticas de economia e defesa adotadas nos últimos anos, com vistas a enfrentar as mudanças climáticas e a ascensão chinesa.

O capítulo de fechamento da parte 3 desta coletânea, de Enara Echart e María Villarreal, analisa a relação entre mudanças climáticas e migrações. Demonstram que, desde o começo dos anos 2000, o interesse pelo tema tem crescido de forma exponencial, a ponto de se ter forjado o termo 'migrações climáticas', cada vez mais usado por pesquisadores, organizações internacionais e formuladores de políticas públicas. Mas o que seriam exatamente as migrações climáticas? A partir da revisão da literatura, esse capítulo, de caráter qualitativo e exploratório, busca justamente responder como este conceito é definido, quem o estuda e quais são as principais linhas de pesquisa na literatura acadêmica sobre migrações climáticas. A revisão foi feita no portal de periódicos da CAPES no período 2000-2022, para refletir de forma crítica sobre o tema, apontando avanços, limitações e futuras agendas de pesquisa sobre mudanças climáticas e migrações.

O Seminário "Antropoceno, Mudanças Climáticas e Ciências Sociais no Brasil" foi certamente um evento acadêmico não apenas de divulgação de pesquisas nacionais e internacionais sobre as relações entre a emergência climática, a dualidade natureza-sociedade e as políticas públicas, como também de construção de um debate qualificado e politicamente posicionado, sobretudo após quatro anos do governo de desmantelamento da governança climática de Jair Bolsonaro, uma liderança negacionista que procurou "passar a boiada" e obstruir qualquer tipo de avanço de regulação sobre a emergência climática no âmbito nacional e nas negociações internacionais.

O Brasil é um importante ator de negociação dos acordos climáticos globais, sobretudo por sua necessária atuação na preservação da Amazônia e no uso responsável de seus biomas, assim como na defesa de sua grande biodiversidade, do Cerrado ao Pantanal, da Mata Atlântica ao Pampa. Retomar o debate público sobre o clima não é só urgente por conta da emergência em que vivemos, como também pela necessidade de estimularmos, no contexto brasileiro, muitas reflexões críticas sobre um projeto de governo que se responsabilize por um ambiente habitável para as próximas gerações com base em modelos de desenvolvimento que superem o desenvolvimentismo extrativista, de commodities agrícolas, minerais e combustíveis fósseis, que ainda impera na região latino-americana.

Nesse sentido, a decisão dos organizadores de publicar em livro as discussões suscitadas no evento presencial tem o intuito de prolongar esse diálogo, especialmente diante da difícil tarefa de sensibilizar indivíduos e coletivos sobre a urgência do problema, para além dos universitários, intelectuais e ativistas que já o estudam e lutam pela implementação de soluções justas social, econômica e ambientalmente. Esperamos, assim, que a circulação deste exemplar ganhe fôlego para alcançar novos interlocutores, em particular no ano em que o Brasil é o país-sede da Conferência do Clima, a COP-30, em Belém do Pará, em novembro de 2025.

O debate sobre as mudanças climáticas tem-se intensificado, ultrapassando os muros da universidade e conquistando cada vez mais espaço nas livrarias, museus, exposições artísticas, debates eleitorais e rodas de conversa. Qualificar esse debate com informações íntegras e o que houver de mais recente e crítico nas ciências sociais e humanas, em diálogo com as ciências da natureza e exatas, é uma das principais responsabilidades do OIMC da UERJ. Nossos agradecimentos institucionais ao Instituto de Estudos Sociais e Políticos e à UERJ, sem os quais o Observatório não teria logrado o seu desenvolvimento desde outubro de 2020, bem como aos apoios financeiros da FAPERJ, do CNPq, do Instituto Clima e Sociedade e do Climate Social Science Network da Universidade Brown (nos EUA). Esses apoios têm sido fundamentais para a promoção de pesquisas e a organização das publicações do OIMC.

REFERÊNCIAS

CHAKRABARTY, Dipesh. *The climate of history*: Four theses. *Critical Inquiry*, v. 35, 2009, p. 197-222.

CHERNILO, Daniel. "The question of the human in the Anthropocene debate". *In*: *European Journal of Social Theory*, vol. 20, 2017, p. 44-60.

CRUTZEN, Paul; STEFFEN, Will. "How long have we been in the Anthropocene era?" *In*: *Climatic Change*, v. 61, 2003, p. 251-257.

CRUTZEN, Paul; STOERMER, Eugene. "The 'Anthropocene'". *In*: *Global Change Newsletter*, v. 41, 2000, p. 17-18.

DEMERITT, David. "The Construction of Global Warming and the Politics of Science". *In*: *Annals of the American Association of Geographers*, v. 91, n. 2, 2001, p. 307-337.

DOMINGUES, José Maurício. *Mudança climática e sociologia, subjetividade coletiva e tendências de desenvolvimento*. Rio de Janeiro: Cadernos do OIMC, 2021.

DOMINGUES, José Maurício. "The political dimension and the unsurpassable exteriority of nature". *In*: *International Journal of Social Imaginaries*, v. 1, 2022, p. 17-41

HAFF, Peter. "Humans and technology in the Anthropocene: six rules". *In*: *Anthropocene Review*, v. 1, 2014, p. 126-136.

HARAWAY, Donna. "Staying with the Trouble: Anthropocene, Capitalocene, Chthulucene". *In*: MOORE, Jason W. (ed.). *Anthropocene or Capitalocene*: Nature, History, and the Crisis of Capitalism. Oakland, CA: PM Press, 2016.

HOMER-DIXON, Thomas. "A call for an international research program on the risk of a global polycrisis". *In*: *Technical paper*, Cascade Institute, 2022.

IPCC. “Climate Change 2021, Summary for Policymakers”. *In*: *Climate Change 2021*: The Physical Science Basis. Contribution of Working Group I to the Sixth Assessment Report of the Intergovernmental Panel on Climate Change [...]. Cambridge University Press, Cambridge, United Kingdom and New York, NY, USA, 2021, p. 3-32.

MALM, Andreas; HORNBORG, Alf. *“The Geology of Mankind? A Critique of the Anthropocene Narrative”*. Anthropocene Review, v. 1, nº 1, 2014, p. 62-69.

MILANI, Carlos R. S. “Ecologia política, movimentos ambientalistas e contestação transnacional na América Latina”. *In*: *Caderno CRH*, v. 21, n. 53, 2008, p. 287-301.

MILANI, Carlos R. S. “Antropoceno como conceito e diagnóstico: implicações”. *In*: *Coleção de Policy Papers do CEBRI* (Realinhamentos Políticos e Econômicos Globais), 2022, p. 59-71.

MORIN, Edgar; KERN, Anne-Brigitte. *Terre Patrie*. Paris: Seuil,1993.

MOORE, Jason W. “The rise of cheap nature”. *In*: MOORE, Jason W. *Anthropocene or Capitalocene? Nature, History, and the Crisis of Capitalism*. Oakland: PM Press, 2016.

NORGAARD, Richard. “The Econocene and the Delta”. *San Francisco Estuary and Watershed Science*, v. 11, n. 3, 2013.

PARTE 1

RELAÇÕES NATUREZA--SOCIEDADE, JUSTIÇA CLIMÁTICA E DIREITOS SOCIOAMBIENTAIS

A BUSCA PELA JUSTIÇA CLIMÁTICA NAS ASSIMETRIAS DAS MUDANÇAS CLIMÁTICAS: O 'ESVERDEAMENTO' DOS DIREITOS HUMANOS

Danielle Costa da Silva

Pablo de Rezende Saturnino Braga

Introdução

A temática da justiça climática lança luz sobre o problema de como as mudanças climáticas trazem implicações aos direitos humanos como um todo, porém de forma assimétrica às populações em situação de vulnerabilidade. Ao destacar a reivindicação de direitos, a busca por justiça social e a violação aos direitos de grupos mais vulneráveis, a justiça climática destaca a dimensão socioambiental na problematização das mudanças climáticas e a necessidade de ações efetivas para sua promoção. Este capítulo objetiva apresentar o debate conceitual a respeito da justiça climática, as consequências dos impactos assimétricos das mudanças climáticas aos direitos humanos de populações vulneráveis e o 'esverdeamento' das normas internacionais para a reparação de violações de direitos humanos em situações de injustiça climática.

O que é justiça climática?

O conceito de 'justiça climática' é disputado por movimentos sociais e sociedade civil, governos e *policymakers*, organizações internacionais e pela comunidade epistêmica. A diversidade de concepções é resultado tanto da ampla gama de abordagens da própria justiça, bem como da complexidade das mudanças climáticas e da amplitude dos movimentos organizados em sua resposta (Schlosberg; Collins, 2014). Todavia, existe um ponto de partida consensual no debate: o campo da justiça climática reconhece que a produção de soluções para os problemas provocados pelas mudanças climáticas deve considerar estruturalmente os seus impactos desiguais em todo o globo, em termos de países, classes sociais e recortes identitários. Esse entendimento parte de uma noção de correção das desigualdades históricas, uma vez que a responsabilidade causal pelo acúmulo de gases causadores do efeito estufa (GEE) na atmosfera é vetor das desigualdades locais e internacionais. Não se trata apenas de observar a trajetória histórica, mas constatar a injustiça inerente à produção da crise climática, uma vez que os países, classes e grupos sociais que possuem menor emissão histórica são, não coincidentemente, os mais vulneráveis aos efeitos das mudanças climáticas. Em suma, o movimento da justiça climática reconhece explicitamente que essas 'desigualdades climáticas' existem e precisam ser enfrentadas no momento em que forem definidas as responsabilidades de cada agente (países, corporações, grupos e indivíduos) com os custos da ações necessárias (Goodman, 2009; Thorp, 2014). Portanto, apesar da heterogeneidade das perspectivas de justiça climática, elas têm, ao menos, um elemento em comum: o foco nos aspectos de equidade e justiça inerentes às causas e aos efeitos das mudanças climáticas (Jafr; Mikulewicz; Helwig, 2018). A partir da discussão sobre políticas de reparação, mitigação e adaptação[1]

1. O objetivo da compensação/reparação é reparar os direitos das pessoas que já foram violados. O objetivo da adaptação é proteger e defender os direitos das mudanças no mundo natural, antes que as violações ocorram (Caney, 2010).

para transição energética, os pontos de discordâncias se multiplicam entre as variadas abordagens e tipos de atores.

A justiça climática, em sua dimensão conceitual, implica a problematização das mudanças climáticas pelo prisma da justiça social, dos direitos humanos e do desenvolvimento. A primeira perspectiva, da justiça social, remete ao debate sobre a questão das desigualdades e suas formas de enfrentamento pelas políticas públicas. Seguindo o raciocínio de Rawls (1971) e sua teoria da justiça[2], as desigualdades perpetuadas por práticas ambientalmente destrutivas devem ser interrompidas. Na sua ampliação para a justiça climática, a escala e a natureza se apresentam com um grau de complexidade maior do que na discussão sobre justiça social, uma vez que sua discussão envolve uma ampla gama de atores governamentais e não governamentais a níveis local, nacional e global. As causas antropogênicas e os impactos desiguais das mudanças climáticas são corroborados pela comunidade científica (IPCC, 2001; IPCC, 2007) e as políticas de enfrentamento ao fenômeno devem ser elaboradas sempre de forma a reduzir os impactos desiguais das mudanças climáticas, especialmente em relação aos países (Saunders, 2009; Roberts; Parks, 2009). Já na perspectiva dos direitos humanos, entende-se que os efeitos devastadores das mudanças climáticas impactam amplamente o rol de direitos sociais, políticos, econômicos, sociais e culturais. E pela dimensão do desenvolvimento, o debate sobre a justiça climática apresenta interface com a economia política internacional e o modo de produção, que é dependente da queima de combustíveis fósseis, e,

2. A teoria da justiça como equidade, ou imparcialidade (*justice as fairness*), é considerada por Rawls como o meio de resguardar a equidade como estrutura básica da sociedade. O autor estabelece três pontos para alcançar o princípio de equidade: a garantia das liberdades fundamentais para todos; a igualdade de oportunidades; e a manutenção de desigualdades apenas para favorecer os mais desfavorecidos (princípio da diferença). Cabe assinalar que a teoria da justiça de Rawls aproxima-se de um ideal filosófico (Rawls, 1971), podendo ser criticada por estar desligada de contextos históricos diferenciados.

por isso, a discussão de soluções para a descarbonização das economias também não pode ser desassociada da demanda por desenvolvimento das periferias globais, regionais e locais.

A origem do movimento pela justiça climática remete ao debate sobre o racismo ambiental, dialogando com as interpretações de justiça social oriundas de perspectivas comunitarista[3], multiculturalista[4] e de reconhecimento[5]. Nas Relações Internacionais, esse tema emerge principalmente a partir do movimento pela Justiça Ambiental, cujo elemento central é o reconhecimento de que a desigualdade e a raça definem o grau de exposição dos grupos sociais aos riscos ambientais (Acselrad, 2004). Muitos ativistas e acadêmicos apontam os protestos contra resíduos tóxicos armazenados em um aterro sanitário no condado de Warren, Carolina do Norte, nos EUA, como um marco de expansão do movimento pela Justiça Ambiental no ano de 1982. Os protestos denunciavam o determinante racial das políticas de resíduos tóxicos, uma vez que atingiam majoritariamente a população afro-americana. O movimento mesclou ambientalistas com ativistas pelos direitos civis e teve grande repercussão, estimulando uma série de pesquisas cujos resultados apontavam a clara correlação entre raça, pobreza e risco ambiental (Schlosberg; Collins, 2014). O movimento pela Justiça Ambiental se organizou em torno da relação entre o impacto das questões ambientais no lugar em que as pessoas vivem e trabalham, em uma lógica geográfica e com a denúncia do

3. Perspectiva que considera os indivíduos como estando integrados em diversos contextos sociais e culturais, com o bem-estar social procedendo através das particularidades.

4. Perspectiva que enfoca as minorias étnicas e nacionais e sua proteção contra injustiças por meio de ações normativas.

5. Conhecida como política do reconhecimento ou da diferença, busca a identidade particular (como gênero, raça ou etnia) dos indivíduos ou grupos e sua distinção dos outros, indicando a necessidade de leis protetivas e que promovam tais diferenças, por exemplo, por meio de políticas afirmativas.

racismo ambiental (Novotny, 2000; Bullard, 2004). Desde então, o tema se internacionalizou e ocupou crescentes espaços de luta e de formulação e políticas públicas domésticas e internacionais, entrando no léxico e na pauta de movimentos sociais, especialmente a partir do século XXI (Milanez; Fonseca, 2011).

No caso brasileiro, particularmente, os debates multilaterais catalisaram a articulação da sociedade civil em torno da agenda ambiental. A atuação do Fórum Brasileiro de ONGs e Movimentos Sociais para o Meio Ambiente e o Desenvolvimento (FBOMS) na Rio-92 foi um marco na construção de uma militância pela justiça ambiental no país. Posteriormente, merece destaque a criação do Observatório do Clima, em 2002, uma rede de ONGs e movimentos sociais atuantes no tema das mudanças climáticas (Santos, 2021).

A articulação de redes de ativismo ocupando espaços multilaterais e produzindo a transnacionalização dos movimentos cresceu exponencialmente a partir da organização das COPs. A Iniciativa Justiça Ambiental e Mudança Climática[6]6 foi fundada em 2001, como resultado direto da primeira "Climate Justice Summit", durante a sexta reunião da Conferência entre as Partes (COP) da Convenção do Quadro das Nações Unidas para Mudanças do Clima (em inglês, UNFCCC) que ocorreu em Haia, Países Baixos, no ano de 2000. Embora o conceito de 'justiça climática' tenha aparecido anteriormente em debates teóricos, sua primeira menção acadêmica ocorreu em 1989 em livro sobre justiça intergeracional (Weiss, 1989).

Em 2005, a destruição deixada pelo furacão Katrina na cidade de Nova Orleans, nos EUA, estimulou a confluência do quadro de justiça ambiental e a questão das mudanças climáticas, especialmente porque os movimentos sociais passaram a entender não apenas o diagnóstico das injustiças decorrentes dos impactos das mudanças climáticas, mas também a ideia de que não existe justiça social sem a defesa do

6. The Environmental Justice and Climate Change Initiative.

meio ambiente. A internacionalização do debate sobre justiça climática foi catalisada com a organização de redes de ativismo e pressão sobre as negociações no âmbito da UNFCCC, com destaque para a "Climate Justice Now!", em uma série de evento paralelos durante a realização da COP 13 em Bali, Indonésia, em 2007, com protestos liderados por representantes de comunidades desproporcionalmente afetadas pela inação global sobre o clima, em especial povos indígenas, mulheres e camponeses. A rede "Climate Justice Action", na COP 15, em Copenhague, Dinamarca, demonstrou que o ativismo climático era uma realidade sem volta (Schlosberg; Collins, 2014). A articulação de redes de ativismo no mais importante espaço multilateral sobre mudanças climáticas consolidou o tema da justiça climática no léxico das negociações internacionais.

Dessa forma, a discussão introdutória sobre a Justiça Climática, a história do conceito e sua evolução na esteira dos movimentos sociais e negociações internacionais lança luz, dentre outros aspectos, para as desigualdades dos efeitos das mudanças climáticas e a luta pelo direito a uma vida digna em um ambiente saudável, representando em si a luta pela democracia, pelo bem comum e pela sustentabilidade (Herculano, 2008). A próxima seção será dedicada a uma discussão sobre essas assimetrias, a considerar recortes identitários e materiais, bem como a identificação das pegadas de carbono de nações, empresas e classes.

Assimetrias das mudanças climáticas

Os impactos das mudanças climáticas são vetores das desigualdades internacionais, regionais e locais, de forma que países periféricos e segmentos sociais historicamente excluídos possuem menor capacidade de adaptação aos efeitos das mudanças climáticas. Esse quadro de desigualdades deve ser problematizado na implementação de políticas que promovam a transição energética, já que o impacto das mudanças climáticas é potencialmente mais destruidor em países e nas populações mais pobres, o que evidencia a dimensão do desenvolvimento (BIRD, 2014). Além do fato dos efeitos das mudanças climáticas sobre as diferentes sociedades serem assimétricos, também são as suas causas profundas. A emissão histórica de GEE aponta a maior responsabilidade dos países desenvolvidos: os Estados Unidos da América (EUA), sozinho, são responsáveis por mais de 25% das emissões de gás carbônico, enquanto o continente africano inteiro fica abaixo de 3%. Os dados publicados por *Our World in Data* expressam as diferenças de emissões, porém, não captam, ainda, a pegada de carbono real já que uma parte considerável dos países do Sul Global emitem GEE para atender a demanda de consumo dos países do Norte Global. Portanto, se, por um lado, os dados reforçam a responsabilidade histórica dos países desenvolvidos, por outro, os riscos produzidos pelas mudanças climáticas são muito maiores e já impactam principalmente os países do Sul Global, seja em eventos climáticos extremos que afetam diretamente as condições de habitação, seja em suas consequências indiretas, como no caso da insegurança alimentar com as safras também prejudicadas pelos eventos climáticos extremos. Evidentemente não se trata de uma coincidência: a desigualdade é um elemento estruturante do modelo produtivo capitalista. Em uma análise generalista, os países mais afetados pela exploração dos seus recursos humanos e materiais sofreram restrições sistêmicas de seus processos de desenvolvimento, e são os países com menos capacidades de enfrentar as consequências múltiplas das mudanças climáticas. Por isso, o debate sobre a justiça climática aborda a necessidade da reparação histórica dos países que têm maior responsabilidade na emissão histórica de GEE e, também, os investimentos para que os países em desenvolvimento e Países de Menor Desenvolvimento Relativo (PMDR) possam elaborar políticas de mitigação, adaptação e transição energética, como o Fundo de US$ 100 bilhões anuais criado pelo Acordo de Paris.

A discussão sobre a transição para um modelo produtivo mais limpo e sustentável é central nas negociações internacionais, e, sobretudo após o Acordo de Paris[7], a justiça climática tem sido um debate presente e transversal em distintas agendas internacionais, das compensações financeiras ao debate sobre perdas e danos, por exemplo. Ao se considerar a maior pegada ecológica[8] dos países desenvolvidos, o desenvolvimento dos países de industrialização tardia provocará um efeito massivo sobre o clima se seguir os mesmos padrões.

Existem, claro, soluções tecnológicas importantes para diminuir essa dependência, como o investimento em energia de fontes renováveis (por exemplo, a eólica e a solar), a progressiva substituição das frotas de carros movidos a gasolina por carros elétricos e as políticas de habitação popular autossustentáveis, principalmente com a instalação de placas solares, captação de água das chuvas e sistemas elétricos inteligentes, garantindo eficiência energética. Os modelos mais avançados são os projetos-pilotos de cidades-verdes, em que a 'internet das coisas' é usada para otimizar a mobilidade urbana, diminuir a dependência de automóveis e o uso de energia e tornar serviços públicos mais eficientes (Zanella *et al.*, 2014). A tecnologia

---

7. É o acordo negociado no âmbito da UNFCCC e aprovado durante a 21ª COP 21 em 2015, em Paris. O acordo rege medidas de redução de emissão de GEE a partir de 2020 e busca fortalecer a resposta global à ameaça das mudanças climáticas provocadas pelos humanos e reforçar a capacidade dos países para lidar com os impactos decorrentes dessas mudanças. O compromisso objetiva manter o aumento da temperatura média global em bem menos de 2 °C acima dos níveis pré-industriais e, assim, envidar esforços para limitar o aumento da temperatura a 1,5 °C acima dos níveis pré-industriais. Fonte: **http://obsinterclima.eco.br/glossario/**. Íntegra do Acordo de Paris disponível em: **https://brasil.un.org/pt-br/node/88191**.

8. A Pegada Ecológica é uma metodologia de contabilidade ambiental que avalia a pressão do consumo das populações humanas sobre os recursos naturais. Expressada em hectares globais (gha), permite comparar diferentes padrões de consumo e verificar se estão dentro da capacidade ecológica do planeta (WWF, 2022).

digital, como o *blockchain*, voltado para a reconfiguração econômica e urbanísticas das cidades é uma real possibilidade (Caragliu; Del Bo, 2018). O grande desafio é tornar esses modelos tentativos em uma dinâmica sistêmica nas periferias globais, onde as questões mais fundamentais não são sobre como a riqueza é produzida, mas sobre como ela pode ser acessível à maioria da população.

A estrutura corporativa que sustenta esse modelo anacrônico dependente da queima de combustíveis fósseis, e, quase sempre, dobra a aposta na sua continuidade (promovendo o '*business as usual*'), com destaque para os setores de produção elétrica, uma vez que a maior parte da matriz elétrica global depende do carvão mineral. Se considerarmos a matriz energética global[9], a dependência dos combustíveis fósseis é ainda maior, uma vez que ela provém sobretudo de carvão mineral (27%), gás natural (23%) e petróleo e derivados (31,1%) (IEA, 2022).

O consumo de energia, que inclui transporte, eletricidade e geração de calor, edifícios, fabricação e construção, emissões fugitivas e outras queimas de combustível, é a maior fonte de emissões de gases de efeito estufa causadas por seres humanos, responsável por 73% das emissões mundiais. Os outros principais setores da economia emissores são: agropecuária (12%); uso da terra, mudança no uso da terra e silvicultura (6,5%); processos industriais de produtos químicos, cimento e outros (5,6%); e resíduos, incluindo aterros e águas residuais (3,2%). No setor de energia, a geração de calor e eletricidade é responsável pela maior parte das emissões (15 GtCO2e em 2016, ou 30% do total de emissões de gases de efeito estufa), seguida por transporte (7,9 $GtCO^2e$ em 2016, ou 15% do total de emissões) e fabricação e

---

9. A matriz elétrica é formada pelo conjunto de fontes utilizadas apenas para a geração de energia elétrica. A matriz energética representa o conjunto de fontes de energia utilizadas para movimentar os carros, preparar a comida no fogão e gerar eletricidade. Dessa forma, podemos concluir que a matriz elétrica é parte da matriz energética.

construção (6,1 $GtCO^2e$, ou 12% do total de emissões) (WRI, 2018). O Gráfico 1 ilustra a emissão de GEE por setores da economia mundial:

GRÁFICO 1. **Emissões históricas de GEE por setor**

DATA SOURCE: Climate Watch; LOCATION: World; SECTORS/SUBSECTORS: Total including LUCF; GASES: All GHC; CALCULATION: Total; Show data by Sectors.

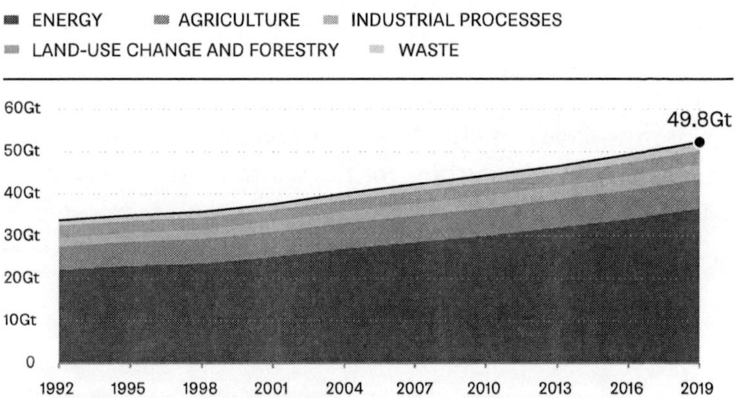

FONTE: Climate Watch Data[10]

Um estudo realizado pelo CDP (Griffin, 2017) em parceria com o Climate Accountability Institute apontou que 71% de todas as emissões mundiais de gases de efeito estufa (cerca de 635 bilhões de toneladas de CO^2) podem ser atribuídas ao seleto grupo de produtores de combustíveis fósseis desde 1988. Não coincidentemente, os setores mais poluidores (petróleo, gás e carvão) dominam a lista das empresas estatais e privadas responsáveis por mais de um terço das emissões de gás carbônico acumuladas até 2018, como aponta a tabela 1, elaborada pela Climate Accountability Institute:

10. Disponível em: https://www.climatewatchdata.org/embed/ghg-emissions?breakBy=sector&chartType=area&end_year=2019&start_year=1990.

TABELA 1. **Ranking de empresas petrolíferas por emissões de CO2**

ENTITY	$MtCO_2e$	% OF GLOBAL
Saudi Aramco, Saudi Arabia	1,931	4.84%
Gazprom, Russia	1,527	3.83%
National Iranian Oil Co.	1,266	3.17%
Coal India, India	1,214	3.05%
PetroChina / China Natl Petroleum	883	2.22%
Rosneft, Russian Federation	846	2.12%
Abu Dhabi, United Arab Emirates	692	1.74%
ExxonMobil, USA	580	1.45%
Iraq National Oil Co., Iraq	566	1.42%
Royal Dutch Shell, The Netherlands	550	1.38%
BP, UK	549	1.38%
Kuwait Petroleum, Kuwait	444	1.11%
Chevron, USA	443	1.11%
Total SA, France	404	1.01%
Peabody Energy, USA	398	1.00%
Sonatrach, Algeria	398	1.00%
Petrobras, Brazil	385	0.97%
Pemex, Mexico	380	0.95%
Glencore, Switzerland	355	0.89%
Lukoil, Russian Federation	341	0.86%
Top Twenty	14,152	35.49%
Global (2018)	39,878	100.00%

FONTE: Climate Accountability Institute. Disponível em: **https://climateaccountability.org/pdf/CarbonMajorsPDF2020/Figures%20&%20Tables/Figures%20&%20Tables/TopTwenty%20CO2e%202018%20Table.png.** Acesso em: 13 mar. 2023

Levando em conta os dados apresentados, não existe caminho em direção à justiça climática que não passe pela responsabilidade corporativa (Olawuyi, 2016). Por isso, evidentemente, o debate sobre a responsabilização dos Estados deve se estender às empresas e setores produtivos que são diretamente responsáveis pelo montante maior das emissões de GEE. Desafiar a lógica de produção e o poder corporativo, não é novidade, é o mais difícil aspecto da luta pela justiça climática, e é também o mais importante caminho para a garantir.

A análise na perspectiva dos Estados e corporações reflete as históricas assimetrias do sistema internacional, ainda que o quadro geopolítico tenha passado por importantes transformações (a ascensão econômica da China, por exemplo). O padrão de desigualdade estrutural se repete quando o eixo de análise se desloca para uma questão de classe. No limiar, a justiça climática concentra-se na proteção dos grupos sociais mais vulneráveis aos impactos das mudanças climáticas, já que as classes altas são as maiores provocadoras das

mudanças climáticas e as que possuem mais capacidades de mitigar seus efeitos. Um relatório da OXFAM (2020) revelou que entre 1990 e 2015, a parcela de 1% dos mais ricos do planeta foi responsável por 15% das emissões de GEE, enquanto os 50% mais pobres emitiram apenas 7%, menos da metade. Quando a escala aumenta para os 10% mais ricos, as emissões durante o período saltam para 52%. A OXFAM revela outro dado impactante: a parcela de 1% das pessoas mais ricas do mundo emite mais do que o dobro de CO_2 do que os 50% mais pobres do mundo. O Gráfico 2 ilustra esses dados.

Essa desigualdade estrutural da sociedade está tanto nas responsabilidades por emissões quanto no enfrentamento dos impactos ambientais e climáticos. O racismo ambiental exemplifica tal assimetria: trata-se da distribuição assimétrica dos impactos ambientais e climáticos, desconsiderando que eles não ocorrem de forma igual entre a população, com a parcela marginalizada e historicamente invisibilizada sofrendo mais com tais impactos. A Rede Brasileira de Justiça Ambiental, em 2006, definiu o conceito de racismo ambiental como

GRÁFICO 2. **Emissões de CO_2 por classe econômica**

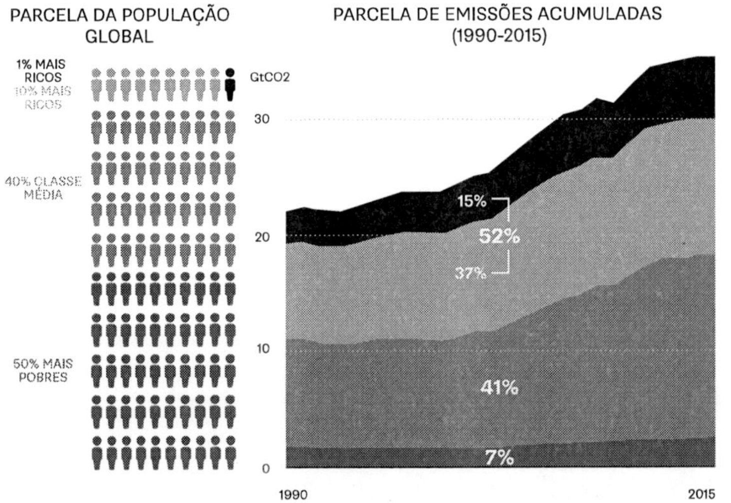

FONTE: Oxfam/Divulgação

"as injustiças sociais e ambientais que recaem de forma desproporcional sobre etnias vulnerabilizadas" (Herculano; Pacheco, 2006, p. 20 *apud* Steil; Toniol, 2013, p. 294) por ações não apenas com intenção racista, como também por ações que produzem um impacto racial. Reproduzindo as estruturas de relações de poder e hierarquias sociais que oprimem grupos e etnias, o racismo ambiental invisibiliza as necessidades e demandas de tais grupos, apoderando-se dos espaços físicos destas populações que, por exemplo, dependem do ecossistema em que vivem, mais próximos da natureza (Herculano, 2008).

Os lobbies corporativos das indústrias carboníferas e o marketing do 'capitalismo verde' são instrumentos paliativos que distorcem a responsabilidade histórica e atribuem aos indivíduos a capacidade de mudança, um discurso homogeneizador que disfarça a maior responsabilidade de Estados, corporações e classes abastadas. Por isso, a sociedade civil tem um papel importante como instrumento de pressão para que esses atores se comprometam com ações efetivas de enfrentamento às mudanças climáticas. E essa pressão tem produzido efeitos muito importantes, constituindo uma ampla rede de ativismo transnacional (Keck; Sikkink, 1998) pela justiça climática, que impressiona pela capacidade de conectar múltiplos ativismos. E a relação interseccional entre as agendas de direitos humanos, as mudanças climáticas e a importância da mobilização social pela justiça climática são parte fundamental do fortalecimento do ativismo climático (Robinson, 2021).

O debate conceitual sobre a justiça climática, está, portanto, organicamente vinculado à militância e ao ativismo climático, principalmente porque o tema é um caminho importante para operacionalizar a interseccionalidade[11] entre os movimentos sociais, uma espécie de aglutinador de várias bandeiras identitárias. A rede de ativismo transnacional pela justiça climática procura expandir o foco da agenda ambiental promovendo a agenda de direitos humanos, com a premissa de que as ações para o enfrentamento da emergência climática passam inexoravelmente pela interseccionalidade do tema. Sua maior expressão tem sido o movimento Fridays for Future[12], que colocou no mapa o tema da injustiça intergeracional da mudança climática.

---

11. Interseccionalidade (ou teoria interseccional) é o estudo da sobreposição ou intersecção de identidades sociais e sistemas relacionados de opressão, dominação ou discriminação. A interseccionalidade nos permite compreender melhor as desigualdades e a sobreposição de opressões e discriminações existentes em nossa sociedade. Pode ser considerado como uma ferramenta analítica importante para pensarmos sobre as relações sociais de raça, sexo e classe, e os desafios para a adoção de políticas públicas eficazes (Ignacio, 2020).

12. Movimento internacional de estudantes que usam as aulas nas sextas-feiras como manifestações para exigir ações dos líderes políticos no combate às mudanças climática, exigindo medidas para a transição energética e a justiça intergeracional. Fonte: **https://fridaysforfuture.org/**.

O ativismo climático tem grandes desafios, sobretudo o apoio da agenda climática por Estados e corporações. Trata-se de um desafio de alta complexidade, uma vez que o 'capitalismo verde' e a 'ecologia do luxo' promovem a falsa percepção de que os atores com maior poder estão engajados na transição energética, quando estão sobretudo promovendo políticas de obstrução climática. Um dos grandes desafios é a reparação, uma questão crítica para a justiça climática, pois busca responsabilizar os países mais ricos pelas emissões históricas de gases de efeito estufa e pelos danos causados às comunidades mais vulneráveis.

A reparação também está ligada à ideia de justiça intergeracional e é essencial para criar um futuro mais justo e sustentável para todos. No entanto, a implementação de medidas de reparação enfrenta muitos desafios e requer esforços globais coordenados e compromissos políticos significativos.

Em busca da justiça climática: o caminho do 'esverdeamento' da normatividade de proteção aos direitos humanos

A relação entre a mudança climática antropogênica e os direitos humanos, em suma, coloca em risco três direitos fundamentais: o direito à vida, à saúde e à subsistência (Caney, 2010). Porém, há muitas nuances sobre importantes princípios a serem considerados nessa relação, como por exemplo na promoção e proteção do direito ao desenvolvimento.

Questões como degradação ambiental, os impactos das mudanças climáticas, a perda de biodiversidade, a desertificação de áreas habitadas e agrícolas podem ser consideradas como algumas das ameaças à proteção aos direitos humanos, já que afetam diretamente a existência e a dignidade humana dos indivíduos. Outras consequências que as mudanças climáticas trazem aos direitos humanos vão desde deslocamentos forçados, dificuldades ou impedimento de acesso às necessidades básicas (habitação e condições sanitárias), até (e não se limitando a) dificuldades de obter meios de subsistência (com a degradação de terras agrícolas), embora as projeções de prazo e as áreas de maior impacto ainda sejam motivos de debate (Petrasek, 2014), além das dificuldades que os negacionismos climático e científico, por exemplo, trazem à arena política internacional ao tratarmos das mudanças climáticas. Logo, as mudanças climáticas:

> Estão minando a realização de um amplo espectro de direitos humanos internacionalmente protegidos: direito à saúde e até à vida; direito à alimentação, água, moradia e propriedade; direitos associados à subsistência e à cultura (...) (Humphreys, 2010, p. 1).

Com a criação do Painel Intergovernamental sobre Mudanças Climáticas (Intergovernmental Panel on Climate Change — IPCC) em 1988, em seu primeiro relatório, publicado em 1990, foram reunidos argumentos a favor da criação da Convenção do Quadro das Nações Unidas para Mudanças do Clima, que foi realizada em 1992 no âmbito da Rio-92.

O IPCC, ao tratar da temática da segurança humana, considera em seus relatórios[13]12 que os eventos decorrentes das mudanças climáticas, como aumentos dos níveis dos oceanos, desertificação e propagação de doenças transmitidas por vetores, estão direta e indiretamente ameaçando o pleno usufruto de direitos humanos ao redor do mundo. O próprio IPCC, no entanto, também alerta que muitos riscos à segurança humana oriundos das mudanças climáticas ainda

13. Vide o relatório "AR5 Climate Change 2014: impacts, adaptation, and vulnerability", especificamente o capítulo sobre segurança humana. Disponível em: https://www.ipcc.ch/report/ar5/wg2/human-security/.

precisam de mais investigação, por meio da construção e verificação de teorias sobre a relação entre mudança climática e, por exemplo, meios de subsistência, cultura, migração e conflito (Adger *et al.*, 2014).

Dentre os instrumentos normativos, temos a Declaração de Estocolmo, que afirma em seu princípio 1º: "o homem tem o direito fundamental à liberdade, à igualdade e ao desfrute de condições de vida adequadas, em um meio ambiente de qualidade tal que lhe permita levar uma vida digna, gozar de bem-estar, e é portador solene da obrigação de proteger e melhorar o meio ambiente, para as gerações presentes e futuras" (ONU, 1973, tradução nossa). A Declaração de Estocolmo adaptou a proteção dos direitos humanos definida pela DUDH a uma concepção de que o acesso a um ambiente sadio é também um direito humano a ser garantido. Todavia, isso foi feito ainda sem enunciar ou esboçar um direito ao meio ambiente propriamente em si. A Declaração do Rio de Janeiro (1992), oriunda da Conferência das Nações Unidas sobre o Meio Ambiente e Desenvolvimento, a ECO-92 ou Rio-92, afirma que os seres humanos são considerados o centro das preocupações com o desenvolvimento sustentável, reafirmando seus direitos a uma vida saudável e produtiva, afirmando também uma relação com dos direitos civis e políticos ao indicar em seu princípio 10º a importância de assegurar os direitos à participação dos cidadãos no processo de tomada de decisão nas questões ambientais (entre outros).

Tanto a Declaração de Estocolmo quanto a do Rio de Janeiro apresentam inter-relações entre as questões ambientais e temáticas do Direito Internacional dos Direitos Humanos. Porém, ambas foram estruturadas em um sistema de conferências que não tem o poder de aplicar sanções a Estados que não cumprem as normas estabelecidas (Mazzuoli; Teixeira, 2013). Isso ocorre devido à sua natureza de *soft law* (ou direito costumeiro) que não possui o mesmo poder normativo coercitivo do direito vinculado (que está disposto em forma de lei, passível de punição), portanto, não garantindo uma efetiva promoção e proteção dos mesmos.

Essa falta de coercitividade não permite a punição em caso de descumprimento ou violação e, até mesmo, que o Estado retire rapidamente seu apoio ao documento. Assim, apesar da importância de tais documentos em afirmar a relação entre proteção ambiental e afirmação dos direitos humanos, sua fragilidade normativa deixa lacunas para um maior compromisso efetivo ou punição efetiva contra violações aos direitos humanos relacionados a questões climáticas e/ou ambientais.

Em alguns documentos regionais vinculantes de proteção aos direitos humanos existem tímidas menções ao reconhecimento do direito ao meio ambiente: a Carta Africana de Direitos Humanos e dos Povos, de 1981 (Carta de Banjul), em seu artigo 24º declara que "todos os povos têm direito a um meio ambiente geral satisfatório, propício ao seu desenvolvimento; todos os povos têm direito a viver em meio ambiente sadio e a contar com os serviços públicos básicos"[14]; já o Protocolo Adicional da Convenção Americana, de 1988 (Protocolo de San Salvador), no seu artigo 11º afirma que "toda pessoa tem direito a viver em meio ambiente sadio" e que "os Estados Partes promoverão a proteção, preservação e melhoramento do meio ambiente"[15], com o direito a viver em um meio ambiente sadio sendo incorporado na esfera dos direitos econômicos, sociais e culturais, indicando a relação entre a proteção ao meio ambiente e com a saúde humana.

Apesar disso, a linguagem normativa utilizada em ambos os documentos é vaga e carece de detalhamento. Mesmo com tais limitações, é possível observar um 'esverdeamento' (traduzido do inglês '*greening*') dos direitos fundamentais dentro das normativas de direitos humanos africana e interamericana, pois, mesmo que de forma vaga ou incompleta, é categoricamente afirmada a obrigação dos Estados

14. Íntegra da Carta de Banjul disponível em: **http://www.dhnet.org.br/direitos/sip/africa/banjul.htm.**

15. Íntegra do Protocolo de San Salvador disponível em: **http://www.cidh.org/basicos/portugues/e.protocolo_de_san_salvador.htm.**

em garantir o acesso ao meio ambiente sadio como parte dos direitos fundamentais a serem protegidos.

A Resolução 41/21[16] do Conselho de Direitos Humanos, aprovada em 12 de julho de 2019, afirma institucionalmente no sistema ONU a relação entre os eventos das mudanças climáticas com os direitos humanos. Evocando o preâmbulo do Acordo de Paris, na Resolução há o reconhecimento internacional das mudanças climáticas como uma preocupação de toda a humanidade e de que as ações direcionadas ao seu combate devem respeitar, promover e considerar as obrigações com os direitos humanos, como o direito à saúde, os direitos dos povos indígenas, comunidades locais, migrantes, crianças, pessoas com deficiências e em situações de vulnerabilidade, e também o direito ao desenvolvimento, à igualdade de gênero, ao empoderamento feminino e à equidade intergeracional. Há também a indicação que os diversos efeitos diretos e indiretos das mudanças climáticas podem afetar os direitos à vida, a uma alimentação adequada, à saúde física e mental, à habitação, ao acesso à água e sanitização, o direito à autodeterminação, ao trabalho e ao desenvolvimento. A esta resolução somam-se as duas resoluções que reconhecem o direito humano a um ambiente limpo, saudável e sustentável: a Resolução 48/L.23/Rev.1[17], aprovada em 05 de outubro de 2021 pelo Conselho de Direitos Humanos da Organização das Nações Unidas, e a Resolução 76/300[18], aprovada pela Assembleia Geral da ONU em 28 de julho de

---

16. Íntegra da A/HRC/RES/41/21 disponível em: https://ap.ohchr.org/documents/dpage_e.aspx?si=A/HRC/41/L.24.

17. Íntegra da Resolução A/HRC/48/L.23/Rev.1. *The human right to a safe, clean, healthy and sustainable environment.* Conselho de Direitos Humanos, 48ª Sessão, 05 de outubro de 2021.

18. Íntegra da Resolução A/76/300. *The human right to a safe, clean, healthy and sustainable environment.* Assembleia Geral das Nações Unidas, 76ª Sessão, 01 de agosto de 2022. Disponível em: https://www.un.org/en/ga/76/resolutions.shtml.

2022. Ambas as resoluções relacionam tal direito aos conteúdos já afirmados pelo direito internacional dos direitos humanos, como a Declaração Universal dos Direitos Humanos, a Declaração de Viena e a Declaração do Direito ao Desenvolvimento, e está relacionada também à Agenda do Desenvolvimento Sustentável (Agenda 2030). Cabe também mencionar a resolução A/RES/77/276[19] adotada por consenso pela Assembleia Geral da ONU que solicitou um parecer consultivo à Corte Internacional de Justiça sobre quais são as obrigações legais dos Estados sob o direito internacional na garantia da proteção climática por emissões antropogênicas para as gerações presentes e futuras, por seus atos e omissões que causem impactos ao sistema climático e ambiental e como Estados em circunstâncias geográficas e de menor desenvolvimento são prejudicados ou particularmente vulneráveis aos efeitos da mudança climática.

Contudo, tais medidas ainda carecem de ações efetivas e, principalmente, parâmetros normativos estabelecidos que fundamentem a necessária promoção da justiça climática. Os documentos supracitados afirmam a garantia de acesso ao ambiente sadio no rol de direitos fundamentais a serem protegidos. Mas, como ficam as demandas por reparação por violações aos direitos humanos relacionadas às ações das mudanças climáticas?

Para Fonseca (2007), a relação entre direito internacional ambiental e a proteção dos direitos humanos ocorreria de três formas: (I) uma abordagem 'contextual', com a adaptação das preocupações com o meio ambiente aos direitos já estabelecidos, não propagando novos direitos em matéria ambiental; (II) a abordagem dos direitos ambientais, com a especificidade dos direitos humanos em relação ao direito a um meio ambiente saudável, limpo e equilibrado (conforme

---

19. Íntegra da Resolução A/RES/77/276. *Request for an advisory opinion of the International Court of Justice on the obligations of States in respect of climate change*. Assembleia Geral das Nações Unidas, 77ª Sessão, 29 de março de 2023. Disponível em: https://research.un.org/en/docs/ga/quick/regular/77.

a recente resolução do CDH); e (III) abordagem 'ecocêntrica', voltada para a superação da percepção antropocêntrica da titularidade dos direitos, questionando a prioridade das necessidades humanas em detrimento à natureza e outras formas de vida.

O autor afirma que a abordagem II teria mais chances de desenvolvimento. Como demonstram as Resoluções do CDH e da AGUN supracitadas, a afirmação do direito a um meio ambiente sadio, seguro e sustentável ainda carece de ações normativas mais incisivas, dado que tais resoluções ainda são do âmbito da *soft law*. Por outro lado, a interpretação da normativa protetiva aos direitos humanos relacionando-os com questões ambientais (como define a abordagem I) já é promovida por organizações, comissões e cortes internacionais, até devido à ausência de instrumentos *hard law* que possam ser aplicados a estes casos. E é por meio da vinculação entre direitos humanos e meio ambiente que se abre o caminho para um processo chamado 'esverdeamento' ('*greening*') das normas vinculantes de proteção aos direitos humanos, em especial voltada para a promoção da justiça climática.

O 'esverdeamento' dos direitos humanos consiste na abordagem judicial de questões relativas ao meio ambiente, por exemplo, dentro de cortes internacionais de direitos humanos, a partir das Convenções e Protocolos e outros mecanismos legais de proteção aos direitos civis, políticos, econômicos, sociais e culturais que já existem (Mazzuoli; Teixeira, 2013).

É possível observar a prática do processo de 'esverdeamento' (ou uma tentativa de fazê-lo) de documentos vinculantes de proteção regional aos direitos humanos a partir da afirmação da obrigação dos Estados em garantir o acesso ao meio ambiente sadio como parte dos direitos fundamentais. Fundamentado numa perspectiva coletiva da proteção ambiental — o meio ambiente humano sendo um bem comum, este processo também é observável na abordagem judicial pelas cortes internacionais de direitos humanos ao aplicarem os mecanismos de proteção aos direitos civis, políticos, econômicos, sociais e culturais já existentes em questões relativas ao meio ambiente (Mazzuoli; Teixeira, 2013), especialmente na proteção a grupos e coletividades em situação de vulnerabilidade decorrente de questões ambientais e/ou climáticas. Isso é possível a partir da percepção de que o acesso a um meio ambiente 'sadio', 'equilibrado' e 'decente' constitui uma forma de proteção de direitos civis e políticos — como o direito à informação, participação política e desenvolvimento de medidas jurídicas protetivas —, ou ainda de garantia de direitos econômicos, sociais e culturais — como os direitos ao desenvolvimento e acesso à saúde (Mazzuoli; Teixeira, 2013).

Conforme supracitado, nos sistemas de direitos humanos interamericano e africano[20] há documentos vinculantes que — mesmo que ainda de forma reservada — que endossam este 'esverdeamento' a partir de menções ao reconhecimento do direito ao meio ambiente. Focando no sistema interamericano, dentro da Comissão e da Corte Interamericana de Direitos Humanos, é possível relacionar o processo de 'esverdeamento' com a busca por justiça ambiental e climática, já que os casos em que a temática ambiental se relaciona com às violações de direitos humanos abordavam direitos de povos indígenas, quilombolas e de comunidades campesinas (Mazzuoli; Teixeira, 2013), vítimas da exploração econômica de recursos naturais em seus territórios.

De acordo com Mazzuoli e Teixeira (2013), os primeiros casos de temática ambiental a serem relacionados com os direitos humanos dentro da Comissão e da Corte Interamericanas de Direitos Humanos

20. No sistema europeu também ocorre o processo de 'esverdeamento' dos direitos fundamentais a partir da ausência de cláusulas protetivas ao meio ambiente na Convenção Europeia de Direitos Humanos, realizando então a inserção da temática ambiental na proteção aos direitos humanos e pela diversificação de casos que compreendem a temática ambiental e a proteção de direitos humanos, especialmente ligados à proteção da vida privada (Mazzuoli; Teixeira, 2013).

foram, respectivamente: a Resolução n. 12/85 do povo Yanomami v. Brasil[21] (em 17 de novembro de 1988) que relacionou a construção de uma rodovia em território amazônico habitado pelos Yanomami com a violação aos direitos à vida, à saúde, à liberdade, à segurança e ao direito de residência; e a sentença do caso Comunidade Mayagna (Sumo) Awas Tingni v. Nicarágua[22] (de 31 de agosto de 2001), sobre a concessão irregular de exploração madeireira em terras indígenas. Esses exemplos foram seguidos de outros, demonstrando a aplicação do 'esverdeamento' da proteção aos direitos humanos, considerando as particularidades do contexto regional americano e a busca por reparação a grupos mais vulneráveis afetados por práticas de degradação ambiental, como a provação de ações tradicionais de contato com a terra e recursos naturais, entre outros.

É notável o reconhecimento da relação entre casos de degradação ambiental com potenciais riscos aos direitos fundamentais das pessoas. Os exemplos da Comissão e da Corte Interamericanas de Direitos Humanos contribuem para a viabilidade da extensão desse processo de 'esverdeamento' em prol da busca por justiça climática, pela prática jurídica de relacionar a temática ambiental com a proteção aos direitos humanos, inclusive pelo fato de a maioria desses casos se referirem a questões indígenas e dos povos tradicionais. Essa prática pode ser posteriormente expandida para casos de racismo ambiental e punição por omissões dos Estados em relação a mitigação dos efeitos das mudanças climáticas aos grupos socioeconômicos mais vulneráveis, levando a ressignificação das normas internacionais de direitos humanos a favor do combate aos impactos socioeconômicos das mudanças climáticas.

---

21. Disponível em: https://acervo.socioambiental.org/acervo/documentos/resolucao-n-1285-caso-n-7615-brasil.

22. Disponível em: https://www.corteidh.or.cr/docs/casos/articulos/Seriec_79_esp.pdf.

Considerações finais

Ao considerar a transversalidade e abrangência dos impactos, o tema das mudanças climáticas se configura, hoje, como um dos grandes desafios na proteção aos direitos humanos. Nesta interligação entre justiça e direitos humanos, o tema da justiça climática lança luz sobre as possibilidades de soluções para a crise climática, a começar pelo entendimento da responsabilidade de Estados, corporações e classes altas de distintas sociedades.

O Acordo de Paris, por exemplo, chama as partes a promover suas respectivas obrigações em termos de direitos humanos, direito à saúde, direitos dos povos indígenas, comunidades locais, migrantes, crianças, pessoas com deficiências e povos em situações de vulnerabilidade e o direito ao desenvolvimento, bem como igualdade de gênero, empoderamento das mulheres e equidade intergeracional (Corazza, 2018). Todavia, até por causa do seu caráter de *soft law*, que além de não trazer responsabilidades aos países que não cumprem com as metas estabelecidas, possibilita que a qualquer momento — por uma decisão política — um Estado-parte saia do Acordo, tais compromissos de promoção da justiça climática e ambiental ainda permanecem no campo retórico.

O princípio das responsabilidades comuns, porém diferenciadas, que determina que os países desenvolvidos devem arcar com os custos maiores para o desenvolvimento sustentável devido à sua maior contribuição histórica de emissões de gases, degradação ambiental entre outros fatores, também dialoga com a questão da justiça climática. Uma vez que afirmada a promoção do direito a um meio ambiente limpo, saudável e sustentável, sua relação com o princípio das responsabilidades comuns, porém diferenciadas, poderia contribuir para a superação de desigualdades de condições e meios para a promoção efetiva dos direitos humanos e de meios para o combate às mudanças climáticas pelos países em desenvolvimento, por exemplo, por meio do intercâmbio e/ou suporte de práticas, políticas e transferência de tecnologia por parte dos países desenvolvidos. Cabe assinalar, infelizmente, que as resoluções da ONU a respeito do direito a um meio ambiente limpo, saudável e sustentável não incluem em seu conteúdo o referido princípio, desconsiderando possíveis medidas de combate às injustiças climáticas e a maior responsabilidade de Estados mais desenvolvidos com as ações antropocêntricas das mudanças climáticas e como elas violam os direitos de populações mais vulneráveis.

A importância da justiça climática para as ações de enfrentamento das mudanças climáticas encontra-se exatamente na preocupação de que seus efeitos mais adversos são mais sentidos por grupos que já se encontram em situações de vulnerabilidade como povos indígenas, quilombolas, pescadores, refugiados, crianças, idosos e pessoas com deficiência, além de reproduzir as desigualdades econômicas, a desigualdade de gênero ao afetar mais mulheres e meninas, agravando questões como a feminização da pobreza. Grandes construções, como a construção de barragens, ou crimes ambientais, como a invasão de terras indígenas por garimpo ilegal, com a inação ou ação ineficaz de instâncias estatais resultam em degradação e envenenamento que afetam o sustento, a saúde, a cultura e a vida de tais grupos. A complexidade em tratar de tais situações de vulnerabilidade é um dos desafios ao lidar com a relação entre direitos humanos e meio ambiente, já que a elaboração de políticas voltadas para grupos vulneráveis deve ter como objetivos identificar quem é vulnerável e como ajudá-los, ou seja, identificar o que produz a vulnerabilidade e quais (e de que forma) são passíveis de reparação (Ribot, 2014).

Com isso, o que destaca o processo de 'esverdeamento' das normas internacionais de proteção aos direitos humanos em prol da justiça climática é a lacuna existente entre discurso e prática voltados para o combate a tais desigualdades e aos impactos que afetam com mais intensidade os grupos em situação de vulnerabilidade. A interpretação das normas vinculantes de proteção aos direitos humanos feita por órgãos internacionais responsáveis por ações judiciais em casos de violação aos direitos humanos que envolvem questões ambientais e/ou climáticas, principalmente quando afetam populações vulneráveis, é um dos atuais recursos reparadores dessas violações e promotores da justiça climática.

REFERÊNCIAS

ACSELRAD, H. "Justiça ambiental — ação coletiva e estratégias argumentativas". *In*: ACSELRAD, H.; HERCULANO, S.; PÁDUA, J.A. (Eds.). *Justiça ambiental e cidadania Rio de Janeiro*: Relume Dumará. 2004, p. 23-39.

ADGER, W. N. *et al.* "Human security". *In*: FIELD, C.B *et al.* (Eds.). *Climate Change 2014*: Impacts, Adaptation, and Vulnerability. Part A: Global and Sectoral Aspects. Contribution of Working Group II to the Fifth Assessment Report of the Intergovernmental Panel on Climate Change. Cambridge, Nova York: Cambridge University Press, 2014, pp. 755-791. Disponível em: **https://www.ipcc.ch/report/ar5/wg2/human-security/**.

BIRD. "Climate change affects the poorest in developing countries". 2014. Washington, DC: World Bank. Available at: **https://www.worldbank.org/en/news/feature/2014/03/03/climate-change-affects-poorest-developing-countries**.

CANEY, Simon. "Climate Change, Human Rights, and Moral Thresholds". *In*: GARDINER, S. M.; CANEY, S.; JAMIESON, D.; SHUE, H. (Eds.). *Climate Ethics*: Essential Readings. Nova York: Oxford University Press, 2010.

CARAGLIU, A.; DEL BO, C. F. "Smart Innovative Cities: The impact of Smart City Policies on Urban Innovation". *In: Technological Forecasting and Social Change*, v, 142, Maio de 2019, pp. 373-383. DOI: **https://doi.org/10.1016/j.techfore.2018.07.022**.

CARTA AFRICANA DOS DIREITOS HUMANOS E DOS POVOS (Carta de Banjul), 1981. Disponível em: **http://www.dhnet.org.br/direitos/sip/africa/banjul.htm**.

COMISSÃO INTERAMERICANA DE DIREITOS HUMANOS. *Resolução n. 12/85*, caso nº 7.615, do povo Yanomami v. Brasil, em 17 de novembro de 1988. Disponível em: **https://acervo.socioambiental.org/acervo/documentos/resolucao-n-1285-caso-n-7615-brasil**. Acesso em: 10 mar. 23.

CORAZZA, Rosana. "Direitos Humanos e meio ambiente no sistema das Nações Unidas: quais princípios para uma justiça climática?". *In*: *UNICAMP Direitos Humanos*, 2018. Disponível em: **https://www.unicamp.br/unicamp/ju/artigos/direitos-humanos.**

CORTE INTERAMERICANA DE DIREITOS HUMANOS. Caso Comunidade Mayagna (Sumo) Awas Tingni v. Nicarágua. Sentença de 31 de agosto de 2001. Série C n. 79. Disponível em: **https://www.corteidh.or.cr/docs/casos/articulos/Seriec_79_esp.pdf**. Acesso em 10/03/23

FONSECA, Fúlvio Eduardo. "A convergência entre a proteção ambiental e a proteção da pessoa humana no âmbito do direito internacional". *In*: *Revista Brasileira de Política Internacional*, vol. 50, nº 1, 2007, p.121-138.

GOODMAN, J. "From global justice to climate justice? Justice ecologism in an era of global warming". *In: New Political Science*, 31, 2009, p. 499-514. DOI: **https://doi.org/10.1080/07393140903322570.**

GRIFFIN, Paul. *The Carbon Majors Database*: CDP Carbon Majors Report 2017. Julho, 2017. Disponível em: **https://doi.org/10.1016/j.techfore.2018.07.022.**

HERCULANO, Selene. "O clamor por justiça ambiental e contra o racismo ambiental". *In*: *InterfacEHS — Revista de Gestão Integrada em Saúde do Trabalho e Meio Ambiente*, v.3, nº 1, Artigo 2, jan/abril 2008.

MPHREYS, Stephen (Ed.). *Human Rights and Climate Change*. Cambridge University Press, 2010.

IEA (International Energy Agency), 2022. Disponível em: **https://www.iea.org/**. Acesso em: 11 mar. 2023.

IPCC. *Climate change 2001*: impacts, adaptation and vulnerability. Valência: IPCC, 2001.

IPCC. *Working Group 1*: the physical basis of climate change report. Valência: IPCC, 2007.

JAFRY, T.; MIKULEWICZ, M.; HELWIG, K. (Eds.). *Routledge Handbook of Climate Justice* (1st ed.). Routledge, 2018. DOI: **https://doi.org/10.4324/9781315537689**.

KECK, M.; SIKKINK, K. *Activists beyond Borders*: Advocacy Networks in International Politics. Ithaca: Cornell, 1998.

MAZZUOLI, Valerio de O.; TEIXEIRA, Gustavo de F. "O direito internacional do meio ambiente e o *greening* da Convenção Americana sobre Direitos Humanos". *In*: *Revista Direito GV*, São Paulo, vol. 9, nº 1, jan-jun 2013, p. 199-242.

MILANEZ, B.; FONSECA, I. F. "Justiça climática e eventos climáticos extremos: uma análise d apercepção social no Brasil". *In*: *Revista Terceiro Incluído*. Goiânia, v. 1, n. 2, 2011, p. 82-100.

OIMC. "Verbete Compensação". *In*: *Glossário*, 2022. Disponível em: **http://obsinterclima.eco.br/glossario/**.

OLAWUYIL, Damilola S. "Climate justice and corporate responsibility: taking human rights seriously in climate actions and projects". *In*: *Journal of Energy & Natural Resources Law*, 2016. DOI: 10.1080/02646811.2016.1120583.

ONU. *Declaração de Estocolmo. Report of the United Nations Conference on the Human Environment*. Nova York, 1973. Disponível em: **http://www.un-documents.net/aconf48-14r1.pdf**.

OXFAM. "The Carbon Ineaqulity Era". *In*: *Joint Research Report*, 2020. DOI 10.21201/2020.6492. Disponível em: **https://policy-practice.oxfam.org/resources/the-carbon-inequality-era-an-assessment-of-the-global-distribution-of-consumpti-621049/**.

PETRASEK, David. "Tendências globais e o futuro da defesa e promoção dos direitos humanos". *In: SUR 20: Revista Internacional de Direitos Humanos*, vol. 1, nº1, janeiro, 2014, p.47-58.

PROTOCOLO ADICIONAL À CONVENÇÃO AMERICANA SOBRE DIREITOS HUMANOS EM MATÉRIA DE DIREITOS ECONÔMICOS, SOCIAIS E CULTURAIS (Protocolo de San Salvador), 1988. Disponível em: **http://www.cidh.org/basicos/portugues/e.protocolo_de_san_salvador.htm.**

RAWLS, J. *A Theory of Justice*. Harvard: Harvard University Press, 1971.

RESOLUÇÃO A/HRC/41/21. Human Rights and climate change. *Conselho de Direitos Humanos*, 41ª Sessão, 23 de julho de 2019. Disponível em: **https://ap.ohchr.org/documents/dpage_e.aspx?si=A/HRC/41/L.24.**

RESOLUÇÃO A/HRC/48/L.23/. *Rev.1. The human right to a safe, clean, healthy and sustainable environment*. Conselho de Direitos Humanos, 48ª Sessão, 05 de outubro de 2021. Disponível em: **https://ap.ohchr.org/documents/dpage_e.aspx?si=A/HRC/48/L.23/Rev.1.**

RESOLUÇÃO A/76/300. *The human right to a safe, clean, healthy and sustainable environment*. Assembleia Geral das Nações Unidas, 76ª Sessão, 01 de agosto de 2022. Disponível em: **https://www.un.org/en/ga/76/resolutions.shtml.**

RESOLUÇÃO A/RES/77/276. *Request for an advisory opinion of the International Court of Justice on the obligations of States in respect of climate change*. Assembleia Geral das Nações Unidas, 77ª Sessão, 29 de março de 2023. Disponível em: **https://research.un.org/en/docs/ga/quick/regular/77.**

RIBOT, Jesse. "Cause and response: vulnerability and climate in the Anthropocene". *In: Journal of Peasant Studies*, 41:5, 2014, p. 667-705. DOI: 10.1080/03066150.2014.894911.

ROBERTS, J. T., & PARKS, B. C. "Ecologically unequal exchange, ecological debt, and climate justice: The history and implications of three related ideas for a new social movement". *In*: *International Journal of Comparative Sociology*, v. 50, n. 3-4, 2009, p. 385-409.

ROBINSON, Mary. *Justiça Climática*: Esperança, resiliência e a luta por um futuro sustentável. Rio de Janeiro: Civilização Brasileira, 2021.

SANTOS, André de Castro dos. "Política Nacional sobre mudança do clima no Brasil: Uma avaliação de instrumentos e de efetividade". *In*: Espaço Público, Revista de Políticas Públicas da UFPE, nº 6, ano 2021.

SAUNDERS, C. "The Stop Climate Chaos Coalition: climate change as a development issue". *In*: *Third World Quarterly*, v. 29, n. 8, 2008, p. 1509-1526.

SCHOLOSBERG, D., COLLINS, L.B., 2014. *From environmental to climate justice*: Climate change and the discourse of environmental justice. *In*: Wiley Interdisciplinary Reviews: Climate Change 5, p. 359-374.

STEIL, Carlos Alberto; TONIOL, Rodrigo. "Além dos humanos: reflexões sobre o processo de incorporação dos direitos ambientais como direitos humanos nas Conferências das Nações Unidas". *In*: *Horizontes Antropológicos*, Porto Alegre, ano 19, nº 40, 2013, p. 283-309.

THORP, T.M. *Climate Justice*. Palgrave Macmillan, London, UK, 2014. **https://doi.org/10.1057/9781137394644**.

WEISS, E.B. *In Fairness to Future Generations*: International Law, Common Patrimony and Intergenerational Equity. Ardsley, NY: Transnational Publishers; 1989.

WRI (World Resources Institute). *4 gráficos para entender emissões de gases efeito-estufa por países e por setor*, 2018. Disponível em: **https://www.wribrasil.org.br/noticias/4-graficos-para-entender-emissoes-de-gases-de-efeito-estufa-por-pais-e-por-setor**. Acesso em: 11 mar. 2023.

ZANELLA, Andrea *et al.* "Internet of Things for Smart Cities". *In*: IEEE INTERNET OF THINGS JOURNAL, vol. 1, n. 1, February 2014.

WEBSITES

CLIMATE WATCH DATA. Disponível em: **https://www.climatewatchdata.org/embed/ghg-emissions?breakBy=sector&chartType=area&end_year=2019&start_year=1990**. Acesso em: 11 mar. 2023.

ONU MULHERES — página Facebook postagem de 13 de fevereiro de 2023. Disponível em: **https://m.facebook.com/story.php?story_fbid=pfbid021eiUhZV9En9KAGxBKDKTX2ynqDpsTkpTYdV4d6Rm37GtfikEQrRvXgnMepkmS1sl&id=642265675822863&mibextid=Nif5oz**. Acesso em: 13 fev. 2023.

POPULISMO, MUDANÇAS CLIMÁTICAS E DESIGUALDADE DE GÊNERO: AS ANTIAGENDAS DO GOVERNO BOLSONARO CONTRA AS MULHERES NEGRAS E INDÍGENAS

Danielle Rached
Denise Vitale
Marta Rodriguez de Assis Machado

Introdução

As últimas décadas têm sido marcadas por uma afinidade eletiva crescente entre o populismo de direita, o negacionismo sobre a mudança climática e a ideologia anti-gênero. Os governos populistas de direita são, em sua maioria, hostis às políticas climáticas e à proteção ambiental em geral. Eles têm sido frequentemente apoiados por movimentos anti-gênero e o retrocesso das políticas de gênero e sexualidade ocupam um papel central em sua agenda.

Os casos do Brasil e dos Estados Unidos são exemplos de como governos anti-democráticos atuaram nas agendas ambiental e de gênero em um movimento reacionário de supressão de direitos. Embora tanto Donald Trump (2016-2020) como Jair Bolsonaro (2018-2022) tenham perdido as eleições para seus sucessores democratas, Joe Biden (2021-2025) e Lula da Silva (mandato em curso), a agenda de seus governos continua enraizada em diversos setores do poder constituído, de juízes das cortes superiores a deputados e senadores, bem como em setores da sociedade civil (ou talvez 'não-civil'). No caso de Trump, o início do novo governo em 2025 confirma que se trata de uma agenda ainda poderosa, com adesão social, cujo enfraquecimento depende de ações transversais em diversos campos da vida pública. Analisar o sentido desse processo é relevante para o fortalecimento democrático.

Há uma afinidade eletiva entre o populismo de direita e as agendas antiambiental, anti-indígena e antigênero, embora os diferentes aspectos e as dinâmicas dessa relação, em diferentes contextos, ainda sejam relativamente pouco estudados. Este artigo não pretende explicar as causas ou fazer reivindicações gerais sobre essas conexões, mas sim descrever a situação brasileira sob o governo de Jair Bolsonaro ao observar a implementação das três antiagendas, que configuraram um desmonte sistemático da construção institucional plural sob o marco da Constituição Federal de 1988. Nosso objetivo é mostrar que os líderes populistas e suas políticas sobrecarregam as mulheres e exacerbam as desigualdades pré-existentes.

A literatura especializada sobre líderes populistas

De acordo com uma literatura recente, os líderes populistas são hostis à agenda climática, e muitas vezes negam sua relevância.[1] O recente crescimento de partidos, líderes e governos populistas de direita, em

1. Embora existam variações mais ou menos negacionistas das mudanças climáticas, EUA, Reino Unido e Austrália
apresentam uma maior hostilidade com relação ao tema; na Europa continental, a agenda climática é marginalizada, eclipsada pelo tema da imigração, mas são mais cautelosos em negar os problemas ligados às mudanças climáticas.

diferentes regiões do mundo, são uma ameaça à agenda climática, mas ainda não sabemos como as políticas populistas se relacionam com as mudanças climáticas.

Lockwood (2018) traz explicações estruturais e ideológicas para essa relação. As abordagens estruturais relacionam a ascensão do populismo às mudanças estruturais nas sociedades pós-industriais. O negacionismo climático estaria associado à marginalização política e econômica de alguns grupos. Tal explicação, baseada em interesses, cobriria o comportamento de atores 'deixados para trás', ou seja, grupos que teriam sofrido os efeitos econômicos da globalização, mas também de certas elites e trabalhadores envolvidos em setores como a mineração e a indústria pesada movida a carbono. A pesquisa mostra correlações entre o negacionismo e as características sociodemográficas que se enquadram no grupo dos 'deixado para trás', mas também traz variações. Na Alemanha, por exemplo, os negacionistas têm renda e educação tão altas quanto os ativistas climáticos. Lockwood examina as evidências disponíveis e encontra limites para o grau em que o apoio ao populismo de direita se correlaciona com o grupo dos 'deixado para trás', sugerindo que as explicações puramente baseadas em interesses não seriam suficientes. De acordo com o autor, uma abordagem baseada na ideologia seria mais convincente.

A política climática é um alvo perfeito para os populistas. Como Lockwood explica, a política climática não é apenas técnica e complexa, mas também é marcada por "altos níveis de incerteza, prazos longos, impactos em vários setores, problemas de ação coletiva internacional, e resultados difusos" (2018, p. 13). A opacidade das relações causais e a influência internacional também contribuem para tornar as mudanças climáticas sujeitas a teorias da conspiração com clivagens nacionalistas. Se um traço comum do populismo é ser contra a elite e o que é cosmopolita, a própria natureza da mudança climática a torna suscetível ao ceticismo populista e à hostilidade à ciência, à técnica e ao cosmopolitismo. Ambientalistas e estudiosos das mudanças climáticas formariam um grupo da elite cosmopolita, minoritário, que não responderia às demandas das pessoas, demandas relacionadas à perda de empregos e à estagnação econômica. Há, portanto, um caminho a ser explorado na compreensão da resistência à política climática, explorando traços ideológicos de líderes populistas, de seus apoiadores e seus partidos.

Pesquisas correlacionam o negacionismo sobre mudanças climáticas com um perfil majoritariamente formado por indivíduos mais velhos, de origens socioeconômicas mais baixas, politicamente conservadores e com valores tradicionais. Isso pode significar que posições políticas acerca das mudanças climáticas podem estar enraizadas em valores fundamentais e visões pessoais de mundo que também se conectam a perspectivas tradicionais sobre gênero (Poortinga *et al.*, 2011). Embora a abordagem ideológica seja considerada uma explicação mais convincente, há ainda muitas lacunas na compreensão dessas relações complexas e de suas variações locais.

Do outro lado dessa investigação, há um pequeno, porém crescente, campo de estudos que conecta gênero e populismo de direita (Mudde; Rovira Kaltwasser, 2013; Donà, 2020). Uma corrente de estudos investiga os perfis de gênero dos eleitores e descobre que, embora haja muitas vezes um recorrente recorte de gênero entre os eleitores de direita (*gender gap*), há fortes variações de acordo com os contextos políticos nacionais. Outra corrente explora o papel das mulheres nos partidos populistas, apontando que os líderes desses grupos são tradicionalmente homens, embora mais recentemente as mulheres venham ganhando importância nas estruturas populistas, a exemplo de Marine Le Pen, na França, e Giorgia Meloni, na Itália. Mais importante para o nosso propósito é o universo de pesquisas que investiga o papel do gênero nas ideologias e nos objetivos políticos dos partidos populistas de direita. A política populista de direita tem tendências nacionalistas, militaristas e autoritárias, que se cruzam com as políticas de gênero tradicionais. Os líderes populistas de direita idealizam a família e a domesticidade, e tratam as mulheres sobretudo como mães, esposas e filhas.[2] A família é chave para a reprodução da nação, e está 'ameaçada' pelo feminismo, pela sexualidade e pelos direitos da população LGBTQIA+ (Sofos, 2019).

Yuval-Davis (1997) mostra a centralidade das relações de gênero nos projetos nacionalistas. Neles, as mulheres são responsáveis pela reprodução biológica da nação, o que historicamente justifica seu papel como geradoras de filhos. Ademais, os papéis tradicionais de gênero e os valores familiares representam a ordem pura e local ('daqui'), ameaçada pelos modos de vida liberais e cosmopolitas. Empiricamente, também foram encontradas alianças estratégicas entre movimentos sociais contra a 'ideologia de gênero' e lideranças de direita (Birolli, Machado; Vaggione, 2020). Acrescente-se que a linguagem do populismo tem frequentemente um componente masculinista — Ostiguy (2017) nota a centralidade da ideia de 'virilidade' (*ballsiness*) que distingue o 'verdadeiro líder' das 'pessoas reais'.

Destacando a dimensão sociocultural do populismo, Ostiguy enfatizou a importância do processo de construção do 'outro nefasto' para as estratégias populistas. O 'roteiro populista' envolveria uma maioria não ouvida — pessoas reais que enfrentam uma 'coalizão de três vias': uma minoria nefasta ('o outro'), forças globais internacionais e um governo corrupto, alinhado à minoria nefasta. Embora essa estrutura conceitual seja de certo modo constante, essas categorias podem ser preenchidas de muitas maneiras diferentes. As lutas morais e de gênero, bem como a politização das diferenças culturais e a abordagem anticientífica, são elementos estratégicos dos discursos populistas.

---

2. Exceto em alguns casos europeus, nos quais os discursos populistas se concentram em reivindicações contra os muçulmanos e condenam os homens muçulmanos por subjugarem as mulheres. Esses grupos parecem abordar as políticas de igualdade de gênero de maneira instrumental.

Nesse processo, populismo, hostilidade às mudanças climáticas e a pauta antigênero são certamente fenômenos relacionados e cuja importância começa a ser notada. O papel de cada um desses elementos só poderá ser mais bem elucidado por meio de pesquisas futuras e mais aprofundadas. Nosso capítulo visa explorar essas intersecções aprofundando nossa análise no governo de Bolsonaro.

Do ponto de vista retórico, os discursos de Bolsonaro enquadram-se no modelo populista examinado por Urbinati (2019), pois opera essencialmente no negativo, desenvolvendo muitos 'anti' conteúdos, visando a um regime autocrático pela exclusão de várias vozes. A recorrência a um legalismo estrito e a um nacionalismo ilusório e falso são estratégias para legitimar, por meio da comunicação direta nas redes sociais, a implementação das 'anti' agendas. Ao invés de decretar um golpe e suspender toda a Constituição, ocorre um processo de desfiguração da concepção processual de 'povo', em uma concepção possessiva desse povo (Urbinati, 2019). Nesse processo, representado pelo caráter de um suposto líder forte, o conflito é excluído e as vozes dissidentes não têm espaço para debate.

O artigo descreve o Brasil como um estudo de caso, com foco nas agendas antigênero, antiambiental e anti-indígena do governo Bolsonaro (2018-2022). A agenda antigênero foi marcada pela estratégia de esvaziar o acesso a direitos e a políticas públicas, dificultando ou quase impossibilitando o acesso a serviços de interrupção de gravidez e de aborto legal, ou até mesmo a programas especiais de saúde. Essa estratégia pode ser feita de forma sutil, a critério do Ministério da Saúde, por meio de cortes orçamentários, desincentivos e regulamentações técnicas. Acontece de forma imperceptível.

Já na agenda antiambiental, o foco será o comportamento de Bolsonaro em relação à Amazônia. Enfrentar as mudanças climáticas no Brasil está diretamente relacionado aos esforços para salvar a Amazônia. O Brasil é o sétimo maior emissor global de gases de efeito estufa (Friedrich; Ge; Pickens, 2023). Parte significativa das emissões brasileiras é consequência da destruição da floresta.[3] Em outras palavras, a contribuição do Brasil à crise climática exige uma quantidade razoável de vontade política para implementar políticas inteligentes para combater o desmatamento.

A agenda anti-indígena está intimamente ligada à agenda antiambiental, na medida em que a maioria dos povos indígenas no Brasil vive na região amazônica e depende da floresta para manter seu meio de vida original. Desde 1988, a Constituição Federal determina a autonomia desses povos e o direito de ser e viver como indígenas, preservando seus valores e culturas. Isso implica a demarcação de terras indígenas, o que enfrenta interesses conflitantes de outros atores econômicos, como madeireiros, garimpeiros e grileiros. Bolsonaro interrompeu um lento, porém contínuo, processo de demarcação de terras pelos governos anteriores, e fragilizou as políticas sociais específicas para os povos indígenas em saúde e educação.

Embora as mudanças climáticas sejam por si só responsáveis por uma série de consequências que afetam desproporcionalmente as mulheres, os governos populistas de direita exacerbam a desigualdade de gênero avançando, simultaneamente, com as agendas antiambiental, anti-indígena e antigênero.

A análise da política de gênero sob o governo Bolsonaro ajuda a explicar como a demonização das feministas e da comunidade LGBTQIA+ atua na economia política do populismo. Ao conectar as agendas antigênero e antiambiental, pretendemos observar como diferentes componentes do discurso populista — o antigênero, a anticiência, o anticosmopolitismo, o antiambientalismo — se entrecruzam e como esse cruzamento incide contra as mulheres de forma desproporcional.

3. Desde 1990, os principais impulsionadores das emissões brasileiras têm sido mudanças de uso da terra e florestas. Dados do SEEG – System Gas Emissions Estimation.

Discutimos a natureza interseccional desses processos e consequências na seção 3, depois de descrever os padrões gerais das políticas do governo Bolsonaro na seção 2. A tese central do artigo aponta que as mudanças climáticas afetam grupos sociais de maneira distinta, agravando situações de desigualdade pré-existentes. Num contexto de desmonte simultâneo de políticas de gênero e de clima, as mulheres negras e indígenas são as mais prejudicadas. A solução dessa situação depende do resgate do pluralismo e dos direitos na chave justiça climática, reconhecendo os efeitos desiguais em cada grupo social.

A ascensão do populismo de direita no Brasil e a implementação de três agendas antiliberais

Em 2018, o Brasil elegeu um candidato de extrema-direita, de um partido pequeno e quase desconhecido. Mais do que uma mudança ideológica, Jair Bolsonaro busca uma 'anti' agenda nas áreas do meio ambiente, indígena e de gênero. Como veremos, as agendas antiliberais foram implementadas por meio de cortes orçamentários e de pessoal em secretarias e órgãos executivos, tornando-os incapazes de desempenhar suas funções essenciais (agenda antigênero). Além disso, tais agendas foram implementadas por meio de medidas infralegais, que aumentaram o poder do executivo e contornaram os mecanismos tradicionais de *accountability* (agenda antiambiental), ou mesmo por meio de um 'não fazer' deliberado (agenda anti-indígena).

A AGENDA ANTIGÊNERO

A polarização da agenda moral e a defesa da família têm se mostrado posições de sucesso no jogo político brasileiro. As igrejas evangélicas são atores importantes, capazes de mobilizar uma massa significativa de eleitores. Movimentos antiaborto e pró-família também se espalharam por todo o país, levando a protestos em massa na última década, convocando comícios anuais em Brasília desde 2006, e ocupando espaços políticos tradicionais (como igrejas e organizações confessionais para jovens ou famílias) e espaços políticos novos (como ONGs pró-vida e organizações profissionais, de médicos e advogados alinhados). A mobilização antiaborto também expandiu seu quadro ao opor-se de forma mais ampla a outros temas relacionados a gênero e sexualidade, misturando-os no espantalho da 'ideologia de gênero'. Os movimentos de ideologia antigênero tornaram-se, assim, um importante canal de mobilização pronto para se conectar à política eleitoral. Esse processo já estava em andamento nas últimas eleições legislativas. A composição do Congresso vinha mudando persistentemente para uma composição mais conservadora pelo menos desde 2010. Em 2014, o Congresso atingiu sua configuração mais conservadora desde o regime militar, permitindo a criação de células antigênero e pró-família específicos, que estão constantemente aliados com outras agendas conservadoras — pró-armas, pró-agronegócio e pró-encarceramento.

Portanto, não é novidade, nem surpresa, que os direitos de gênero e sexualidade tenham se colocado no centro da grande política brasileira, junto com as questões de segurança pública e de cumprimento da lei, nas eleições de 2018. Bolsonaro foi a resposta populista a todas essas agendas. Ele vendeu a imagem de ser duro contra o crime e defendeu o regime militar, a tortura e as execuções policiais e militares. Da mesma maneira, sempre apoiou a liberalização das armas. Ele prometeu cruzada contra a desmoralização, a desnaturação da sociedade e dos valores familiares. A proibição total do direito ao aborto e a oposição aos direitos LGBTQIA+ (recentemente reconhecidos) foram colocados entre os alvos estratégicos de seu governo.

O combate à 'ideologia de gênero' foi uma promessa fundamental em seu discurso de posse, seguido pela nomeação de Damares Alves, ex-pastora evangélica, ativista antiaborto e ex-assessora parlamentar de vários parlamentares vinculados à bancada evangélica no Congresso.

Em seu mandato, Damares trabalhou para reverter as políticas públicas relacionadas aos direitos LGBTQIA+, para proibir a educação sexual nas escolas, para excluir a abordagem de gênero dos currículos escolares e das políticas públicas, além de barrar o acesso das mulheres ao aborto legal. Damares e seu Ministério operaram com fortes laços com os movimentos conservadores da sociedade civil. Um caso em questão foi o episódio de uma menina de dez anos estuprada pelo padrasto, que tinha o direito legal de acessar os serviços de aborto legal. Damares Alves atuou nos bastidores. Enviou servidores públicos do Ministério para visitar pessoalmente a família, a fim de convencê-los a impedir a criança de realizar o aborto legal. Também houve rumores de que o Ministério estava envolvido no vazamento de informações confidenciais sobre o hospital e sobre a programação do procedimento, permitindo que ativistas antiaborto e grupos religiosos organizassem protestos e bloqueios em frente ao hospital (Vila-Nova, 2015).

No governo Bolsonaro, a erosão dos direitos das mulheres e da população LGBTQIA+ aconteceu por meio de diferentes estratégias, combinando medidas formais e práticas informais. Por meio de Portarias e Notas Técnicas do Ministério da Saúde, o governo colocou entraves aos serviços de contracepção e aborto legal. Existem também processos mais sutis, sub-reptícios e informais de reversão dos direitos sexuais e reprodutivos. Isso ocorreu simultaneamente pela desinstitucionalização das políticas públicas e também por meio de discursos que funcionam como uma concessão simbólica ao desrespeito aos direitos, o que induz à violência difusa contra grupos minoritários e opositores do governo.

Cortes orçamentários estão em marcha em todas as políticas públicas relacionadas às mulheres e aos direitos LGBTQIA+. Em seu primeiro ano de mandato, Damares não gastou um centavo dos R$ 13,6 milhões reservados para a construção das 'Casas da Mulher Brasileira', importante política pública voltada para a criação de centros de referência que ofereçam serviços de saúde, jurídicos e de assistência à mulher. Em meio ao aumento da violência doméstica e sexual durante a pandemia, a Secretaria Nacional de Políticas para as Mulheres gastou apenas metade dos R$ 121,9 milhões disponíveis no ano (Rezende; Resende, 2020).

No caso dos direitos sexuais e reprodutivos, as omissões do Poder Executivo[4] se dão por meio do desmantelamento da rede de serviços de saúde da mulher e de aborto legal, bem como pela criação de entraves ao acesso aos serviços de saúde, como cortes orçamentários, desincentivos e regulamentações técnicas. Enquanto a primeira administração do PT fez o movimento oposto, ampliando a rede e facilitando o acesso aos serviços de aborto legal, o governo de Bolsonaro usa seu espaço discricionário para reduzir e dificultar a oferta de serviços de aborto em hospitais públicos, inclusive em centros de referência. Embora essa estratégia informal já tivesse sido lançada pelo governo anterior, que assumiu após o impeachment de Dilma Roussef, foi no governo Bolsonaro que essa estratégia foi imediatamente empreendida e aprofundada, em uma cruzada autodeclarada 'pró-vida'.

A escassez de serviços se aprofundou na pandemia, quando até mesmo a distribuição de anticoncepcionais foi reduzida ou interrompida (Oliveira, 2020). Embora tenha havido um aumento da violência sexual durante a Covid, a oferta de serviços de aborto legal diminuiu. Funcionários do Ministério da Saúde, que publicaram uma Nota Técnica sobre o acesso à saúde sexual e reprodutiva na pandemia de Covid-19, foram criticados publicamente pelo Presidente e pela Ministra Damares, que afirmaram que essas medidas eram incompatíveis com um 'governo pró-vida'. Os servidores públicos acabaram sendo exonerados, apesar de terem apenas elaborado um documento que só reforçava as ações anteriormente previstas no Plano de Atenção Integral à Saúde da Mulher (documento lançado pelo Ministério da

4. Estamos, aqui, expandindo a análise de Pozen e Scheppele (2020) de estratégias autocráticas durante a pandemia.

Saúde no governo anterior, mas ainda em vigor), replicando recomendações gerais da Organização Mundial da Saúde para a ampliação do acesso a serviços de planejamento familiar, informação, anticoncepção e aborto legal (*cf.* Nota Técnica 16/2020).

A criação de barreiras de acesso ao direito ao aborto legal foi formalizada com a Portaria nº. 2.282, de 27 de agosto de 2020, que revoga expressamente Nota Técnica de 2005. Na contramão de 2005, que até dispensou o boletim de ocorrência como exigência do procedimento, a nova diretriz torna obrigatória a notificação à polícia pelos profissionais de saúde que atendem pacientes em casos de estupro. Também cria o Procedimento de Justificativa e Autorização de Interrupção da Gravidez, com quatro etapas, burocratizando o acesso ao procedimento (*cf.* Portaria 2282/20).

Outro processo ocorreu nos campos simbólico e moral, e revelou um agudo conflito aberto na sociedade. É aqui que a agenda antigênero serve à dinâmica populista e à construção de uma nefasta minoria que ameaça a sociedade, ao prejudicar sua célula mais importante, a família. A agenda de combate à 'ideologia de gênero' foi mencionada como prioritária no discurso de posse do Presidente. Existem vários exemplos de Bolsonaro e Damares engajando-se em batalhas contra a 'ideologia de gênero'. A palavra 'gênero' foi excluída de todos os documentos oficiais. O Ministério da Saúde retirou do site oficial um material educativo voltado para a saúde do homem trans. Na 63ª Conferência da ONU sobre a Situação da Mulher, Damares se posicionou contra o aborto afirmando que "no entendimento do atual governo brasileiro, direito à vida significa proteção da vida desde o momento da concepção", tornando o Brasil um aliado dos países ultraconservadores em questões de gênero e sexo nas Nações Unidas (Picanço; Prusa, 2019).

Após a recente aprovação legislativa do direito ao aborto por escolha da mulher até a 14ª semana na Argentina, o governo Bolsonaro reagiu para marcar sua posição contrária. O próprio presidente tuitou: "Lamento profundamente a vida das crianças argentinas, agora sujeitas a serem ceifadas no ventre de suas mães com o consentimento do Estado. A depender de mim e de meu governo, o aborto jamais será aprovado em nosso solo. Nós sempre lutaremos para proteger as vidas dos inocentes!" (O Tempo, 2020).

A AGENDA ANTIAMBIENTAL

Em 2019, cenas de incêndios na Amazônia brasileira ganharam destaque em todo o mundo. Em 2020, foram os incêndios no Pantanal que chamaram a atenção do público internacional. Tais fatos não foram necessariamente imprevistos após a eleição de Bolsonaro. O que não poderia ter sido previsto, entretanto, foi a escala e o ritmo da destruição ambiental.

Bolsonaro representou uma ameaça palpável para a Amazônia. E qualquer ameaça à Amazônia se estende muito além das fronteiras brasileiras. As florestas são consideradas sumidouros naturais de carbono[5] e, uma vez que quase sessenta por cento da Amazônia encontra-se no Brasil, qualquer regime internacional sobre mudança climática eficaz terá necessariamente de levar em consideração as políticas públicas ambientais brasileiras para a região.

Para entender como a governança ambiental brasileira foi afetada, particularmente a governança ambiental da Amazônia, podemos classificar a postura de Bolsonaro de acordo com duas dimensões: a do discurso e das ações (ou omissões) para a região.

A dimensão do discurso demonstra que palavras importam e têm consequências. A retórica de Bolsonaro encorajou ações ilegais de atores que antes se sentiam de alguma forma constrangidos pela lei. A título de exemplo, em agosto de 2019, agricultores do estado

---

5. Pesquisadores brasileiros demonstraram recentemente que a Amazônia, devido ao desmatamento e às mudanças climáticas, se tornou uma fonte de carbono ao invés de um sumidouro de carbono (Gatti *et al.*, 2021).

do Pará, que é considerado o território com maior índice de desmatamento no Brasil, sentindo-se 'amparados pelas palavras do presidente' declararam 'dias do fogo', ateando fogo à floresta como uma forma de destruí-la para fins de utilização na produção agrícola e na pecuária (Maisonnave, 2019).A segunda dimensão rastreia como as políticas públicas ambientais foram alteradas e, em muitos casos, revertidas. As instituições criadas para proteger o meio ambiente foram publicamente contestadas, desacreditadas, capturadas ou simplesmente extintas.

Um exemplo conhecido é o de quando Bolsonaro acusou o chefe da Instituto Nacional de Pesquisas Espaciais (INPE), Ricardo Galvão, de disseminar mentiras, e o demitiu depois que os dados de desmatamento vieram a público, que mostrou um forte aumento no número de incêndios na Amazônia.

Em relação a importantes órgãos de fiscalização e proteção ao meio ambiente, como o Instituto Brasileiro do Meio Ambiente e dos Recursos Naturais Renováveis (Ibama) e o Instituto Chico Mendes de Conservação da Biodiversidade (ICMBio), a ação mais contundente do governo para desmantelar sua autoridade foi reduzir sua capacidade de multar irregularidades. O Decreto nº 9.760/2019 criou uma etapa extra antes do pagamento das multas pelos infratores ambientais: a "audiência de conciliação ambiental" (art.97-A). As audiências de conciliação têm competência para anular ou manter as multas, mas o principal problema é que elas não foram realizadas.[6] A situação piorou em 2021, quando a Instrução Normativa MMA/ICMBio/Ibama 1/2021 exigiu que as sanções ambientais fossem confirmadas e validadas por um superior hierárquico dos fiscais, criando o que esses

6. Desde 2019, o IBAMA realizou apenas 5 audiências de conciliação das 7.205 programadas para acontecer, enquanto o ICMBio não realizou nenhuma. Autos do processo, parágrafo 166. Disponível em **https://www.oc.eco.br/wp-content/uploads/2021/03/peticao-inicial-adpf-climatica-11.11.2020.pdf**. Acesso em 22.09.2021.

fiscais posteriormente reclamaram de "uma espécie de censor, com ampla e irrestrita discricionariedade" (Modelli, 2021).

Outro tipo de preocupação diz respeito à regularização de terras, seja em terras indígenas ou em territórios públicos. A FUNAI, órgão responsável pela execução das políticas relacionadas às comunidades indígenas, foi autorizada pela Instrução Normativa 9/2020 a emitir certidões para propriedades privadas estabelecidas em territórios indígenas que não tenham passado pelo longo processo de demarcação, medida amplamente criticada como uma legalização da grilagem de terras na região (Conselho Indigenista Missionário, 2020). Um segundo exemplo foi a Portaria Conjunta 1/2020, que transferiu a fiscalização do controle fundiário — tradicionalmente feita pelos órgãos federais (Instituto Nacional de Colonização e Reforma Agrária INCRA e IBAMA) — aos municípios. A redução da importância dessa função de supervisão pode ser particularmente problemática. Como 45% do território amazônico não tem destinação oficial, a região está severamente ameaçada pela "apropriação privada de terras públicas" (Barroso; Perrone, 2021, p.11).

Por fim, mas não menos importante, houve a suspensão do Fundo Amazônia, considerado um importante arranjo internacional para canalizar investimentos para o combate ao desmatamento e promover o uso sustentável da Amazônia. O motivo dessa suspensão foi a extinção de dois comitês por Decreto Presidencial (9.759/2019): o Comitê Orientador do Fundo Amazônia (COFA), constituído por representantes do governo e da sociedade civil e responsável pela fiscalização da aplicação dos recursos; e o Comitê Técnico do Fundo Amazônia (CTFA), comitê científico que valida os números oficiais do Ministério do Meio Ambiente sobre as emissões de carbono do desmatamento. Como consequência dessa mudança unilateral nas estruturas de governança e responsabilidade, a Noruega e a Alemanha, dois dos maiores doadores do Fundo, suspenderam suas contribuições em agosto de 2019 (Reuters, 2019).

Esses exemplos aleatórios apenas trazem uma amostra dos atuais problemas ambientais brasileiros. Um relatório denunciou que mais de 524 atos normativos, com objetivos semelhantes aos descritos acima, foram implementados desde que Bolsonaro chegou ao poder (Instituto de Estudos Socioeconômicos, 2021). Na maior parte, Bolsonaro usa ferramentas infralegais (decretos e portarias) para minar o objetivo principal dos órgãos de proteção ambiental e todos os tipos de arranjos formais ou informais de *accountability* criados para prevenir danos socioambientais na Amazônia.

A AGENDA ANTI-INDÍGENA

As agendas de gênero e ambiental dão uma ideia do que se pode esperar em relação aos direitos indígenas, especialmente para as mulheres indígenas, no governo de extrema-direita de Bolsonaro.

O Brasil possui 305 povos indígenas, compreendendo uma população de 896.917 pessoas, o que corresponde a cerca de 0,47% da população brasileira (IBGE educa). Eles estão presentes em todo o território, a grande maioria na Amazônia.

Um conflito crucial está centrado na questão do reconhecimento dos territórios indígenas. Na verdade, esta tem sido uma das reivindicações mais antigas dos povos indígenas em todos os países da América Latina e da Amazônia, e atualmente é um ponto crítico no Brasil. A Constituição Federal de 1988 reconhece o direito indígena à terra como direito originário, no sentido de que a ocupação dos territórios pelos povos indígenas é anterior à formação do Estado brasileiro. Depois disso, ao longo dos nove governos anteriores (Sarney, Collor, Itamar, Fernando Henrique, Lula, Dilma, Temer e Bolsonaro), centenas de territórios indígenas foram declarados e homologados pelo processo de demarcação de terras conduzido pela Funai, gerando diversos conflitos territoriais. Registra-se que o governo Bolsonaro foi o único que não declarou nem homologou nenhum território indígena (Povos Indígenas do Brasil).

Esse é um sério ponto de tensão, especialmente porque Bolsonaro paralisou esse processo. Desde setembro de 2018, um mês antes das últimas eleições nacionais, nenhum decreto foi publicado sobre o assunto. É verdade que o ritmo da dinâmica de demarcação de terras indígenas vem declinando desde o governo Dilma, cuja gestão foi marcada por uma abordagem desenvolvimentista anacrônica, com enormes violações socioambientais, sendo a hidrelétrica de Belo Monte o marco de sua política. No entanto, na medida em que Bolsonaro ignora os processos administrativos em andamento, recusando qualquer ação para o reconhecimento de terras indígenas, nota-se uma virada acentuada que desafia a forma como a Constituição vem sendo implementada desde 1988.

Na verdade, essa mudança de política acarreta outra concepção anacrônica e inadequada em relação aos povos indígenas. Ao invés de ser considerado um povo autônomo, com direitos coletivos, conforme as declarações da ONU, o governo de Bolsonaro retomou uma visão colonialista dos povos indígenas, aplicando as velhas e superadas ideias de assimilação e integração. Do início da colonização do Brasil até a Constituição de 1988, ou seja, por quase cinco séculos, a autonomia indígena não foi reconhecida pelo Estado. Tratava-se da concepção hegemônica e oficial de uma política indigenista que entendia pessoas indígenas como sendo menos capazes, que teriam de ser tuteladas pelo Estado até que fossem totalmente integradas à nação. A partir da década de 1970, com o florescimento dos movimentos sociais e populares no Brasil e na América Latina, o movimento indígena passou a se organizar como um movimento político, reivindicando a autonomia e os direitos coletivos de suas terras. A Constituição de 1988 consolidou esse novo paradigma, reconhecendo o direito dos indígenas de serem indígenas, com direitos originários das terras onde tradicionalmente vivem. A Carta também os reconhece como agentes legitimados ao acesso à justiça.

A visão de Bolsonaro é oposta ao que o direito internacional entende por identidade e por direito dos povos indígenas. Durante os quatro anos do governo Bolsonaro, as políticas relativas à questão indígena violaram sistematicamente os direitos básicos mencionados acima. Além da paralisação dos processos de demarcação de terras, ele demonstrou apoio a madeireiros e garimpeiros, desencadeando um processo de invasões de territórios indígenas (Human Rights Watch, 2021) e violência contra comunidades e lideranças indígenas.

Mulheres na encruzilhada: mulheres pobres, mulheres negras e mulheres indígenas sob o governo de Bolsonaro

Há uma estreita conexão entre meio ambiente e gênero. A literatura especializada sugere que a degradação ambiental (desmatamento, perda de biodiversidade, além dos efeitos usuais das mudanças climáticas sobre a água e abastecimento de alimentos) impacta de forma diferente homens e mulheres (Argawal, 2009; Betchel, 2010; Cavendish, 2000; UNPF, 2009). Essas diferenças estão relacionadas aos papéis tradicionais que homens e mulheres têm em suas comunidades, e como homens e mulheres são geralmente enquadrados por regimes sociais, jurídicos e políticos (Betchel, 2010).

Um relato interessante diz respeito aos papéis desempenhados pelas mulheres brasileiras em uma organização proeminente do movimento social amazônico, o Conselho Nacional de Populações Extrativistas. O artigo traça um cronograma da luta das mulheres para obter mais influência sobre o uso da terra e sobre as decisões de gestão florestal. E, embora a participação das mulheres tenha sido mais visível ao longo dos anos, o artigo contém um retrato sombrio da liderança das mulheres, que ainda são "secundárias aos homens na política institucional" (Shantley *et al.*, 2011, p. 242).

A sub-representação das mulheres e de certos grupos em órgão decisórios desafia a legitimidade democrática das decisões políticas e técnicas, e prejudica uma dimensão importante da igualdade de gênero. Também pode afetar o desenho de políticas públicas, que deixam de considerar a perspectiva das mulheres.

A representação política das mulheres no Brasil é um problema crítico. As mulheres representam mais da metade da população brasileira, porém não ultrapassam 15% da composição nas duas casas legislativas. O Brasil ocupa a 129ª posição (entre 186 países) no ranking ONU Mulheres de participação feminina no Parlamento (2023). A primeira presidenta sofreu *impeachment* em um processo carregado de tons misóginos. O governo Bolsonaro teve duas ministras em um universo de 22 Ministérios. Na cerimônia oficial de 2019 para o Dia da Mulher, Bolsonaro declarou jocosamente que o seu governo foi o primeiro a ter uma composição equilibrada em termos de gênero, já que "cada uma das mulheres que aqui estão vale 10 homens" (Infomoney, 2019). O desafio da representação política é ainda mais agudo para mulheres negras e indígenas. Os parlamentares negros ou pardos representam apenas 2,36% do Congresso, embora representem quase um terço da população brasileira. A eleição da primeira mulher indígena a ter assento no Congresso federal ocorreu somente em 2018 (Gortázar, 2019).

Mulheres negras e indígenas estão na intersecção das 'anti' políticas que acabamos de analisar. O desmantelamento de políticas públicas para mulheres no governo de Bolsonaro afetou programas e serviços específicos de saúde, a rede de atenção e assistência à mulher agredida, políticas especiais para populações indígenas e quilombolas, e programas oficiais voltados para a autonomia econômica das mulheres. Com a exclusão da palavra 'gênero' das políticas oficiais, a maioria dos serviços restantes são limitados a atender apenas mulheres cis.

O diagnóstico geral e o resultado desse processo ainda é pouco estudado, mas sabemos que está distribuído de forma desigual segundo linhas interseccionais, atingindo principalmente determinados grupos de mulheres, por exemplo, aquelas dependentes do sistema público de saúde (principalmente pobres e negras); mulheres trans e mulheres em situação de vulnerabilidade. A reversão dos direitos sexuais e reprodutivos impacta principalmente as mulheres negras e pobres.

No caso das mulheres indígenas, elas experimentam diferentes e sucessivas formas de discriminação histórica, resultando em violações dos seus direitos em diferentes áreas (Comissão Interamericana de Direitos Humanos, 2017). Em 2017, a Comissão Interamericana de Direitos Humanos elaborou o relatório "Las Mujeres Indigenas y sus Derechos nas Américas", que reúne registros de violações de direitos das mulheres indígenas, analisa suas causas e propõe recomendações aos Estados.

Embora as mulheres indígenas nas Américas não sejam um grupo homogêneo, mas sim culturalmente diverso, elas compartilham situações comuns que as tornam duplamente vulneráveis, enfrentando diversos tipos de violência. Em particular, a Comissão Interamericana identifica as seguintes formas de violência perpetradas por agentes indígenas e não indígenas, bem como por agentes estatais e não estatais: (a) atos de violência no contexto de conflitos armados; (b) atos de violência no contexto de projetos de desenvolvimento, de investimento e de industrialização extrativista; (c) militarização de seus territórios; (d) violência doméstica; (e) privação de liberdade (f) violência relacionada à sua participação na defesa dos direitos humanos; (g) violência urbana e contextos de migração e deslocamento (Comissão Interamericana de Direitos Humanos, 2017).

O documento chama a atenção para as limitações vividas pelas mulheres indígenas no acesso à justiça, visto que enfrentam obstáculos tanto no sistema de justiça indígena, devido ao preconceito patriarcal, quanto no sistema de justiça estadual, devido ao racismo e aos mecanismos processuais inadequados ou inacessíveis.

No Brasil, os povos indígenas enfrentam os piores níveis de desenvolvimento social. Estima-se, por exemplo, que a mortalidade infantil e adolescente entre os indígenas seja, aproximadamente, o dobro da população não indígena. Isso está ligado a outros déficits de saúde, principalmente à desnutrição, o que leva a uma maior incidência de baixa estatura e baixo peso para a idade, e à anemia, além de uma maior ocorrência de diarreias e infecções respiratórias agudas (Caldas *et al.*, 2017). Para as mulheres indígenas, o impacto nas desigualdades sociais em saúde inclui uma gama mais ampla de questões, como a falta de assistência à gestante e pré-natal; a desnutrição de mulheres e crianças; a mortalidade por câncer cervical e de mama; a dificuldade de tratar DSTs; o alcoolismo e o uso de drogas; a violência contra a mulher e a prostituição; a pequena participação das mulheres indígenas nas instâncias de controle social; e o pequeno número de mulheres indígenas atuando como Agentes Indígenas de Saúde (Ferreira, 2013). De fato, é importante notar que existe um duplo obstáculo que desafia as mulheres indígenas: as diferenças culturais de gênero dentro de suas comunidades tradicionais e as dificuldades de gênero fora delas, ao lidarem com o mundo não indígena.

Embora o sistema de saúde indígena, principalmente no que diz respeito às mulheres indígenas, tenha sido construído em um ritmo muito lento, desde 2018 ele vem sendo fortemente fragilizado. Sob o governo Bolsonaro, o Programa Mais Médicos, programa de cooperação com Cuba para ampliar a presença de médicos em cuidados primários no interior do país, foi cancelada por razões ideológicas, e nada mais o substituiu. Além disso, no início de 2019, um suposto desvio de recursos desencadeou a suspensão do repasse de verbas de financiamento para os programas indígenas (Conselho Indigenista Missionário, 2020b).

Esse contexto foi profundamente agravado pela pandemia. A Articulação dos Povos Indígenas do Brasil (APIB) vem denunciando o crescente número de contaminações e mortes em territórios indígenas, em grande parte subnotificadas. Também denunciam a responsabilidade do agronegócio e do governo federal (por meio do exército e funcionários de órgãos federais) na contaminação das populações indígenas e o fracasso do governo em combater a pandemia e atender às necessidades dos povos indígenas (Emergência Indígena).

Em agosto de 2020, o Supremo Tribunal Federal determinou a obrigação da administração pública federal em reduzir a disseminação da Covid-19 em terras indígenas, exigindo a realização de barreiras sanitárias e a elaboração de um plano de monitoramento do surto em terras indígenas (ADPF 709, 2020).

O aumento da violência de gênero desencadeada por processos de incitação governamental à violência também afeta a alguns grupos mais do que a outros. As mulheres negras vivenciam os maiores índices de feminicídio: representam 68% das mulheres assassinadas no Brasil. Na última década, o número de homicídios entre mulheres negras aumentou 12,4%, enquanto os homicídios entre mulheres brancas caíram 11,7% (Fórum Brasileiro de Segurança Pública, 2020). Elas são também as que mais morrem em consequência do aborto inseguro. Enquanto, entre as brancas, a taxa é de 3 mortes causadas por aborto para cada 100 mil, entre as negras esse número sobe para 5. Para as que concluíram apenas o ensino fundamental, a taxa é de 8,5, quase o dobro da média geral de 4,5. Segundo o IBGE, a taxa de aborto para mulheres negras é de 3,5%, o dobro do percentual para mulheres brancas (1,7%). O perfil mais comum de mulheres que recorrem ao aborto é o de uma jovem de até 19 anos, negra e já com filhos (Pauluze, 2020). Da mesma forma, a falta de oferta de anticoncepcionais e de serviços de aborto legal impactam principalmente as mulheres usuárias do serviço público de saúde.

O fim das campanhas educativas, a exclusão da educação sexual dos currículos escolares, juntamente com a diminuição da distribuição de programas de contracepção e saúde reprodutiva também podem ter consequências desastrosas em um cenário em que a gravidez na adolescência é um problema grave e persistente.[7]

---

7. A América Latina é a única região no mundo onde a gravidez adolescente não tende a diminuir, o que a torna incapaz de cumprir integralmente o objetivo de desenvolvimento sustentável relativo à gravidez na adolescência (Gianella; Machado; Gloppen, 2017).

A teoria interseccional é essencial para aprofundar o debate sobre as consequências da negação das políticas de educação sexual e de saúde reprodutiva para as mulheres, e seu entrelaçamento com questões de classe, raça e pobreza. As mulheres, em particular as negras e indígenas, estão na intersecção estrutural, política e representacional (Crenshaw, 1997) das diferentes agendas regressivas aqui analisadas.

Isso significa que o populismo de Bolsonaro tem consequências interseccionais para o regime de igualdade de gênero. A politização das questões de gênero e de saúde reprodutiva, a construção estratégica de feministas e grupos LGBTQIA+ como o 'outro nefasto' e a defesa da família são uma cola importante ao projeto populista Bolsonaro. Seu estridente apelo antiaborto e anti-igualdade de gênero tem um fardo trágico e desproporcional para as mulheres negras e trans. O desmatamento e as políticas antiambientais que atendem tanto aos grupos econômicos que compõem sua base de sustentação (como o agronegócio e as mineradoras) têm também consequências interseccionais. Enquanto as mulheres negras e pobres estão expostas a condições ambientais mais vulneráveis e são mais afetadas principalmente nas áreas urbanas, as mulheres indígenas sofrem as consequências do desmatamento na Amazônia e do avanço da mineração.

Enfrentando desde pelo menos a década de 1980 uma batalha para "enegrecer o feminismo" (Carneiro, 2003, p. 118) e "sexualizar o movimento negro" (Rodrigues; Prado, 2010, p. 449), as mulheres negras se consolidaram como atores políticos na esfera pública, com uma agenda articulando gênero, raça e classe. Ganham força questões relacionadas à trajetória educacional e à inserção subalterna no mercado de trabalho, especialmente a super-representação da mulher negra no trabalho doméstico. As consequências do racismo e da discriminação racial atuando em diferentes dimensões da vida das mulheres negras — desde a seleção e alocação no mundo do trabalho até a autoestima e a violência obstétrica — tem sido cada vez mais tematizada. Demandas específicas às políticas públicas de saúde estão inseridas na agenda feminista, como a esterilização forçada de mulheres pobres e negras como consequência da falta de oferta de políticas contraceptivas alternativas.

A Plataforma Política Feminista aprovada em 2002 na Conferência Nacional das Mulheres Brasileiras — estrutura participativa criada pelo Partido dos Trabalhadores no Governo Federal para informar a criação de políticas públicas foi um marco na construção de políticas públicas interseccionais, tendo sido elaborada por um grupo muito diversificado de mulheres, com presença significativa de mulheres negras e indígenas. Segundo Carneiro, o documento representa o reconhecimento e a incorporação do racismo e da discriminação racial como elementos estruturantes das desigualdades de gênero e raça. O documento aborda as dificuldades de mulheres negras, mulheres jovens, mulheres pobres e mulheres com necessidades especiais.

A Plataforma é considerada um momento que sela um pacto de solidariedade entre mulheres negras e brancas na luta pela superação das desigualdades de gênero e raça (Carneiro, 2003). Aborda questões agropecuárias, agrárias e socioambientais, questionando o modelo de desenvolvimento rural vigente no Brasil e apontando a necessidade de reforma agrária e políticas públicas para as trabalhadoras rurais femininas. Traz reivindicações em defesa das mulheres indígenas, cujos povos foram submetidos a processos de massacre físico e cultural.

Nas décadas que se seguiram, a mobilização das mulheres negras avançou em termos organizacionais e conseguiu enfrentar a discriminação e a desigualdade por raça e gênero em diferentes âmbitos institucionais, nacionais e internacionais, chamando a atenção para suas posições como mulheres negras. A Geledés, organização também chamada de instituto da mulher negra, consolidou-se na década de 1990 como uma das organizações mais respeitadas do Brasil. As mulheres negras latino-americanas construíram redes e alianças e trabalharam em organizações profissionais (Zambrano, 2017). As mulheres negras tornaram-se personalidades culturais na esfera pública brasileira e ganharam representatividade até mesmo na política eleitoral. Um exemplo de ampliação da mobilização interseccional foi a participação na última audiência pública sobre a descriminalização do aborto no STF do coletivo Criola, entidade que se define como "associação civil antirracista, feminista e anti-homofóbica". Compondo uma nova geração de ativismo feminista, a intervenção desse grupo teve como objetivo demonstrar que a 'discriminação composta' e a 'subordinação estrutural socioeconômica' a que as mulheres negras foram submetidas as colocam em situação de maior vulnerabilidade em relação à política de saúde reprodutiva do Estado Brasileiro (Criola, 2018).

Conclusão

Este capítulo procurou analisar o Brasil sob o governo de Bolsonaro, com foco em três agendas específicas: ambiental, gênero e indígena, mostrando como a relação entre política climática e gênero estão relacionadas na implementação de um projeto iliberal de governo, agravando a situação das mulheres negras e indígenas.

A crise climática, por si só, é considerada um fator que agrava as diferentes desigualdades ao redor do mundo. Aprofunda a separação entre nações desenvolvidas e menos desenvolvidas, entre homens e mulheres, e acirra a violência sobre outras minorias vulneráveis. Neste capítulo, propusemos um estudo de caso do governo populista de Bolsonaro como uma camada adicional de perturbação para as três agendas. Como tentamos mostrar, a retórica e as medidas autocráticas de Bolsonaro conseguiram desencadear uma regressão em muitos direitos conquistados ao longo de décadas nessas três áreas.

É possível ler este artigo como uma discussão sobre justiça climática, apesar da conhecida dificuldade em conceituar este termo (Caney, 2016; Sultana, 2021). As emissões brasileiras têm o potencial de aumentar devido ao desmatamento sem precedentes e ao número recorde de incêndios na Amazônia, o que coincide com uma escalada de ataques aos direitos das mulheres e das comunidades indígenas. É a mudança climática que se cruza com as políticas e com a ideologia de um governo de extrema direita, que vem trabalhando sistematicamente para minar o tecido social brasileiro. No contexto de 2023, com um governo democrático à frente do poder federal, marcado pelo protagonismo de lideranças feministas em áreas centrais da temática tratada, os ventos sopram pelo enfraquecimento dos retrocessos e avanços de direitos. Mas, como diz a canção tropicalista, é sempre preciso estarmos atentas e fortes.

REFERÊNCIAS

AGARWAL, B. "Participatory exclusions, community forestry and gender: an analysis for South Asia and a conceptual framework". *In*: *World Development*, vol. 29 (10), 2001.

AGARWAL, B. "Gender and forest conservation: the impact of women's participation in community forest governance". *In*: *Ecological Economics*, vol. 68, 2009.

ALENCAR, A; SILVESTRINI, R; GOMES, J; SAVIAN, G. *Amazônia em chamas*: O Novo e Alarmante Patamar do Desmatamento na Amazônia. IPAM, 2022.

ANTUNES, L. Sonia Guajajara: 'Não dá para falar de direitos indígenas sem falar de direitos ambientais'. *O Globo*. Setembro de 2020. Disponível em: **https://oglobo.globo.com/celina/sonia-guajajara-nao-da-para-falar-de-direitos-indigenas-sem-falar-de-direitos-ambientais-1-24612755**. Acesso em: 7 abr. 2022.

BARROSO, L. R.; PERRONE, P. "How to Save the Amazon: the reasons why a living forest is worth more than a cut down one". *In*: *Harvard University Carr Center for Human Rights Policy*, 2021. Disponível em: **https://carrcenter.hks.harvard.edu/files/cchr/files/210310-amazon.pdf**. Acesso em: 7 abr. 2022.

BECHTEL, J. "Gender, poverty and the conservation of biodiversity: A review of issues and opportunities". *In*: *MacArthur Foundation Conservation White Paper Series*, 2010. Disponível em: **https://www.macfound.org/media/files/csd_gender_white_paper.pdf**. Acesso em: 7 abr. 2022.

BELCHIOR, M.; ROSSI, C. "El Retorno De Las Mujeres Cosmológicas Y Originarias: El Protagonismo De Las Mujeres Indígenas En Los Centros De Poder Políticos Y Sociales En Brasil Y En El Mundo". *In*: *Revista de Estudios Brasileños*, 8, 2021.

BROWN, W. *In the ruins of neoliberalism: the rise of antidemocratic politics in the West*. Columbia University, 2019.

CANEY, S. "The Struggle for Climate Justice in a Nonideal World". *In*: *Midwest Studies in Philosophy*: Volume XL "Ethics and Global Climate Change", vol.XL, no.1, 2016.

CALDAS, A. D. R. *et al.* "Mortalidade infantil segundo cor ou raça com base no Censo Demográfico de 2010 e nos sistemas nacionais de informação em saúde no Brasil". *In*: *Cadernos de Saúde Pública 33 (7)*, 2017.

CARNEIRO, S. "Mulheres em movimento". *In*: *Estudos Avançados*, vol. 17, 2003.

CAVENDISH, W. "Empirical Regularities in the Poverty-Environment Relationship of Rural Households: Evidence from Zimbabwe". *In*: *World Development*, vol. 28 (11), 2000.

CHEIBUB, A. F.; LIMONGI, F. *Executivo e legislativo na nova ordem constitucional*. Fundação Getúlio Vargas; FAPESP, 2001.

COLLINS, P; BILGE, S. *Intersectionality*. Polity Press, 2016.

COLITT, R. Amazon defender quits Brazil environment post. *Reuters*. Brasília, 13 de maio de 2008. Disponível em: **https://www.reuters.com/article/idUSN13420813**. Acesso em: 7 abr. 2022.

COOPER, G.; WILLCOCK, S.; DEARING, J. A. "Regime shifts occur disproportionately faster in larger ecosystems". *In*: *Nature Communications*, 11, 2020.

CORTE INTERAMERICANA DE DIREITOS HUMANOS. *Case of the Kichwa Indigenous People of Sarayaku v. Ecuador: Judgment of June 27, 2012 (Merits and Reparations)*. Série C, n.º 245. San José: Corte Interamericana de Derechos Humanos, 2012. Disponível em: **https://corteidh.or.cr/docs/casos/articulos/seriec_245_ing.pdf**. Acesso em: 23 abr. 2025.

CONSELHO INDIGENISTA MISSIONÁRIO. In 2019, Indigenous Lands were ostensibly invaded from north to south of Brazil. *Cimi.org.br*, 30 de setembro de 2020. Disponível em: **https://cimi.org.br/2020/09/in-2019-indigenous-lands-were-ostensibly-invaded-from-north-to-south-of-brazil/**.

CONSELHO INDIGENISTA MISSIONÁRIO. Nota do Cimi contra a Instrução Normativa nº 09/2020 da Funai. *Cimi.org.br*, 2020. Disponível em: **https://cimi.org.br/2020/04/nota-contra-a-instrucao-normativa-09-2020-funai/**.

CONSELHO INDIGENISTA MISSIONÁRIO. Nota do Cimi: o desmonte da saúde indígena é uma pandemia à parte. *Cimi.org.br*, 2020b. Disponível em: **https://cimi.org.br/2020/08/nota-do-cimi-desmonte-saude-indigena-pandemia-a-parte/**.

COMISSÃO INTERAMERICANA DE DIREITOS HUMANOS. *As Mulheres Indígenas e seus Direitos Humanos nas Américas*. Brasilia: CIDH; 2017.

COVID-19 e os Povos Indígenas. Disponível em: **https://covid19.socioambiental.org**. Acesso em: 15 fev. 2022.

CRENSHAW, K. "Demarginalizing The Intersection Of Race And Sex: A Black Feminist Critique Of Antidiscrimination Doctrine, Feminist Theory And Antiracist Politics". *In*: *University of Chicago Legal Forum*, 139, 1989.

CRIOLA. Memoriais de Amicus Curiae na ADPF 442. 2018. Disponível em: **http://redir.stf.jus.br/paginadorpub/paginador.jsp?docTP=TP&docID=724453895&prcID=5144865**.

CUNHA, M. C. *et al.* "Indigenous peoples boxed in by Brazil's political crisis". *In*: *Journal of Ethnographic Theory*, 7, 2017.

COMISSÃO PRÓ-ÍNDIO DE SÃO PAULO. "Documento Final Do XV Acampamento Terra Livre". 2019. Disponível em: **https://cpisp.org.br/acampamento-terra-livre-2019**. Acesso em: 7 abr. 2022.

EMISSÕES Totais | SEEG — Sistema De Estimativa De Emissão De Gases. *Plataforma.seeg.eco.br*, 2022. Disponível em: **https://seeg.eco.br**. Acesso em: 8 abr. 2022.

FÓRUM BRASILEIRO DE SEGURANÇA PÚBLICA. Atlas da Violência de 2020. *forumseguranca.org.br*, 2020. Disponível em: **https://forumseguranca.org.br/wp-content/uploads/2020/08/atlas-da-violencia-2020-infografico.pdf**.

FRIEDRICH, J.; GE, M; PICKENS, A. "This Interactive Chart Shows Changes in the World's Top 10 Emitters". *In*: *WRI.org*, 10 de dezembro de 2020. Disponível em: **https://www.wri.org/blog/2020/12/interactive-chart-top-emitters**. Acesso em: 7 de abril de 2022.

GATTI, L.V.; BASSO, L.S.; MILLER, J.B. *et al*. "Amazonia as a carbon source linked to deforestation and climate change". *In*: *Nature*, 595, 2021.

GORTÁZAR, N. Joênia Wapichana, a voz indígena no Congresso em meio à crise na Amazônia. *El Pais*, 2019. Disponível em: **https://brasil.elpais.com/brasil/2019/08/30/politica/1567157851_858431.html**.

HARTEVELD, E.; VAN DER BRUG, W.; DAHLBERG, S.; KOKKONEN, A. "The gender gap in populist radical-right voting: Examining the demand side in Western and Eastern Europe". *In*: *Patterns of Prejudice*, 49 (1/2), 2015.

HENRIKSEN, J. "The UN Declaration on the Rights of Indigenous Peoples: Some Key Issues and Events in the Process". *In*: CHARTES, Claire; STAVENHAGEN, Rodolph (orgs.) *Making the Declaration Work*: the United Nations Declaration on the Right of Indigenous Peoples. IWGIA, 2009.

HUBER, R. "The role of populist attitudes in explaining climate change skepticism and support for environmental protection". *In*: *Environmental Politics*, 29 (6), 2020.

HULME, M. *Why We Disagree About Climate Change*: Understanding Controversy, Inaction And Opportunity. Cambridge University Press, 2009.

HUMAN RIGHTS WATCH. "Brazil: Remove Miners from Indigenous Amazon Territory, Bolsonaro Policies Fuel Deforestation in Indigenous Lands". 2021. Disponível em: **https://www.hrw.org/news/2021/04/12/brazil-remove-miners-indigenous-amazon-territory**.

IBGE educa. "Conheça o Brasil — População Indígenas. Disónível em: **https://educa.ibge.gov.br/jovens/conheca-o-brasil/populacao/20506-indigenas.html**. Acesso em: 17 ago. 2021.

INFOMONEY. Bolsonaro: governo é "equilibrado" e tem duas ministras "que valem por 10 homens *Infomoney.com.br*, 2019. Disponível em: **https://www.infomoney.com.br/politica/bolsonaro-governo-e-equilibrado-e-tem-duas-ministras-que-valem-por-10-homens/**.

INSTITUTO DE ESTUDOS SOCIOECONÔMICOS. Dando nome aos Bois: Análise das medidas infralegais para o meio ambiente nos primeiros dois anos do Governo Bolsonaro. *Inesc.org.br*, 27 de maio de 2021. Disponível em: **https://www.inesc.org.br/dando-nome-aos-bois-analise-das-medidas-infralegais-para-o-meio-ambiente-nos-primeiros-dois-anos-do-governo-bolsonaro/**. Acesso em: 15 de agosto de 2021.

INSTITUTO SOCIOAMBIENTAL. Mulheres indígenas: a força do 14º Acampamento Terra Livre. *Socioambiental.org*, 26 de abril de 2017. Disponível em: **https://site-antigo.socioambiental.org/pt-br/noticias-socioambientais/mulheres-indigenas-a-forca-do-140-acampamento-terra-livre**. Acesso em: 7 de abril de 2022.

INSTITUTO SOCIOAMBIENTAL. "Organizações de Mulheres Indígenas no Brasil: resistência e protagonismo". Disponível em: **https://www.socioambiental.org/pt-br/noticias-socioambientais/organizacoes-de-mulheres-indigenas-no-brasil-resistencia-e-protagonismo**. Acesso em 15 de agosto de 2021.

JELIN, E.; MOTTA, R; COSTA, S. *Global Entangled Inequalities*: Conceptual Debates And Evidence From Latin America. Routledge, 2017.

KAINER, K.; DURYEA, M. L. "Tapping women's knowledge: plant resource use in extractive reserves, Acre, Brazil". *In*: *Economic Botany*, 46 (4), 1992.

KINGSBURY, D. "Latin American Extractivism And (Or After) The Left". *In*: *Latin American Research Review*, 56, 2021.

LEE, K; GÓMEZ, E. "Brazil's Ascendance: the soft power role of global health diplomacy". *In*: *European Business Review*, 61, 2011.

LOCKWOOD, M. "Right-wing populism and the climate change agenda: exploring the linkages". *In*: *Environmental Politics*, 27 (4), 2018.

LOPES, C. L; MOURÃO, J; CHIAVARI, J; GANDOUR, C."'Conciliação Ambiental e Desmatamento na Amazônia Implicações e Desafios a partir de Evidências". *In*: *Climate Policy Initiative*. WWF-Brasil, 2021.

MAISONNAVE, F. Em "dia do fogo", sul do PA registra disparo no número de queimadas. *Folha de S. Paulo*. São Paulo, 14 de agosto de 2019. Disponível em: **https://www1.folha.uol.com.br/ambiente/2019/08/em-dia-do-fogo-sul-do-pa-registra-disparo-no-numero-de-queimadas.shtml.**

MENDES, J. S. R. "O Genocídio Kaingang e a Metáfora da Guerra: Sertão do Bauru, 1856-1912". *In*: CARNEIRO, Maria Luiza T.; SILVA, Mirian (eds). *Índios no Brasil*: vida, cultura e morte. Intermeios, 2018.

MODELLI, L. Servidores do Ibama denunciam que fiscalização ambiental está paralisada após decisão de Salles. *G1*, 2021. Disponível em: **https://g1.globo.com/natureza/noticia/2021/04/20/mais-de-400-servidores-do-ibama-denunciam-em-carta-estarem-com-as-atividades-de-fiscalizacao-ambiental-paralisadas.ghtml.**

MONGABAY. Brazil's environmental minister resigns after losing Amazon fight. *Mongabay.com*, 14 de maio 2008. Disponível em: **https://news.mongabay.com/2008/05/brazils-environmental-minister-resigns-after-losing-amazon-fight**. Acesso em 7 de abril 2022.

MOTA, Juliana. "Os Guarani e Kaiowá e suas lutas pelo tekoha: os acampamentos de retomadas e a conquista do teko porã (bem viver)". *In*: *Revista Nera*, ano 20, n.39 (Dossiê), Presidente Prudente, 2017.

Nota Técnica nº 16/2020 — COSMU / CGCIVI / DAPES / SAPS / MS. Disponível em: **https://sxpolitics.org/ptbr/wpcontent/uploads/sites/2/2020/06/1591269873_ministerioaborto.pdf.**

OLIVEIRA, J. Abortos legais em hospitais referência no Brasil disparam na pandemia e explicam o drama da violência sexual. *El País*. 2020. Disponível em: **https://brasil.elpais.com/brasil/2020-08-30/abortos-legais-em-hospitais-referencia-no-brasil-disparam-na-pandemia-e-expoem-drama-da-violencia-sexual.html.**

O TEMPO. Argentina legaliza morte de crianças com 'anuência do Estado', diz Bolsonaro. *O Tempo*. 2020. Disponível em: **https://www.otempo.com.br/brasil/argentina-legaliza-morte-de-criancas-com-anuencia-do-estado-diz-bolsonaro-1.2430197.**

ONU Mulheres. Women in Politics Map 2023. Disponível em: **https://turkiye.un.org/sites/default/files/2023-03/Women-in-politics-2023-EN.pdf.**

PANORAMA GERAL DA COVID-19. Disponível em: **https://emergenciaindigena.apiboficial.org/dados_covid19**. Acesso em: 15 de fevereiro de 2022.

PAULUZE, T. No Brasil, aborto vitima mais mulheres negras do que brancas. *Folha de São Paulo*, 19 novembro 2020. Disponível em: **https://www1.folha.uol.com.br/cotidiano/2020/11/no-brasil-aborto-vitima-mais-mulheres-negras-do-que-brancas.shtml.**

PICANÇO, Lara Bartilotti; PRUSA, Anya. "At the United Nations, Brazil Allies with Ultra-Conservatives on Gender and Sex-Ed". 2019. Disponível em: **https://www.wilsoncenter.org/blog-post/the-united-nations-brazil-allies-ultra-conservatives-gender-and-sex-ed.**

POVOS INDÍGENAS NO BRASIL. "Situação jurídica das TIs no Brasil hoje". Disponível em: **https://pibdev.socioambiental.org/pt/Situação_jurídica_das_TIs_no_Brasil_hoje**. Acesso em: 15 de agosto de 2021.

POORTINGA, W.; SPENCE, A.; WHITMARSH, L.; CAPSTICK, S.; PIDGEON, N. F. "Uncertain climate: An investigation into public scepticism about anthropogenic climate change". *In*: *Global Environmental Change*, 21, 2011.

Portaria nº 2.282, de 27 de agosto de 2020. Disponível em: **https://www.in.gov.br/en/web/dou/-/portaria-n-2.282-de-27-de-agosto-de-2020-274644814**.

POZEN, D.; SCHEPPELE, K. "Executive Underreach". *In*: *Pandemics and Otherwise*, 114(4) AM. J.INT'L L.608, 2020). Disponível em: **https://scholarship.law.columbia.edu/faculty_scholarship/2735**.

PRODES — Coordenação-Geral De Observação Da Terra. *Obt.inpe.br*, 2021. Disponível em: **http://www.obt.inpe.br/OBT/assuntos/programas/amazonia/prodes**. Acesso em 8 de abril de 2022.

PSB *et al.* v. Brazil (on deforestation and human rights) *Climate Case Chart*. Disponível em: **https://www.climatecasechart.com/document/psb-et-al-v-brazil-on-deforestation-and-human-rights_d678**. Acesso em: 8 de abril de 2022.

REIS, L. 'País trata a Amazônia como colônia', diz comandante militar (2013) *Folha de S. Paulo* (Manaus, 19 October 2013). Disponível em: **https://www1.folha.uol.com.br/poder/2013/10/1359068-amazonia-ainda-nao-esta-integrada-ao-restante-do-pais-e-como-uma-colonia.shtml**. Accesso em: 8 de abril de 2022.

REZENDE, C; RESENDE, T. Pasta de Damares esvazia verbas para combate à violência contra mulher. *Folha de São Paulo*, 2020. Disponível em: **https://www1.folha.uol.com.br/cotidiano/2020/09/pasta-de-damares-esvazia-verbas-para-combate-a-violencia-contra-mulher.shtml**.

REUTERS. Norway stops Amazon fund contribution in dispute with Brazil. *Reuters*, Oslo, 15 de agosto de 2019. Disponível em: **https://www.reuters.com/article/us-brazilenvironment-norway-idUSKCN1V52C9**. Acesso em: 10 ago. 2021.

RIO, F. "Antirracismo, movimentos sociais e Estado (1985-2016)". *In*: LAVALLE, Adrian Gurza *et al*. *Movimentos sociais e institucionalização*: políticas sociais, raça e gênero no Brasil pós-transição. EdUERJ, 2019.

RODRIGUES, C. S.; PRADO, M. A. M. "Movimento de Mulheres Negras: Trajetória Política, Práticas Mobilizatórias e Articulações com o Estado Brasileiro". In: *Psicologia & Sociedade*, v. 22, n. 3, pp. 445-456, 2010.

RODRIGUEZ, J.; MIOLA, I.; FANTI, F.; CARDOSO, E. *Advocacia de interesse público no Brasil*: a atuação das entidades de defesa de direitos da sociedade civil e sua interação com os órgãos de litígio do Estado. Ministério da Justiça, 2013.

SACCHI, A. "Mulheres indígenas e participação política: a discussão de gênero nas organizações de mulheres indígenas". *In*: *Anthropológicas*, 14, 2003.

SCHEPPELE, K. L. "Autocratic Legalism". *In*: The University of Chicago Law Review (2) 85, 2018.

SAVINO, L. "Landscapes Of Contrast: The Neo-Extractivist State And Indigenous Peoples". *In*: *Post-Neoliberal Argentina*, 3, The Extractive Industries and Society, 2016.

SCHULTE-TENCKHOFF, I. "Treaties, peoplehood and self-determination: understanding the language of indigenous rights". *In*: PULITANO, Elvira. *Indigenous Rights in the Age of UN Declaration*, CUP, 2012.

SHANLEY, P; SILVA, F.; MACDONALD, T. "Brazil's Social Movement, Women and Forests: A Case Study from the National Council of Rubber Tappers". *In*: *International Forestry Review*, 13, 2011.

SOFOS, S. A. Bringing gender into the populism debate: a guided walk. 2019. Disponível em: **https://www.opendemocracy.net/en/rethinking-populism/bringing-gender-populism-debate-guided-walk/**. Acesso em 30 maio de 2023.

SORIA, C. "Amazonia". *In*: Birx, James H. *21th Century Anthropology. A Reference Handbook*. SAGE, 2010.

'STAGNATION' Made Brazil's Environment Chief Resign. *New York Times*, 2008. Disponível em: **https://www.nytimes.com/2008/05/16/world/americas/16brazil.html**. Acesso em 7 de abril de 2022.

SULTANA, F. "Critical Climate Justice". *In*: The Geographical Journal, 188, 2021.

SUNDERLAND, T *et al*. "Challenging Perceptions about Men, Women, and Forest Product Use: a Global Comparative Study". *In*: *World Development*, 64, 2014.

UNITED NATIONS POPULATION FUND. *State of the World Population*, 2009. Disponível em: **https://www.unfpa.org/sites/default/files/pub-pdf/state_of_world_population_2009.pdf**. Acesso em: 7 de abril de 2022.

URBINATI, N. *Me the people*: how populism transform democracies. Harvard University, 2019.

VENTURA, D.; AITH, F.; REIS, R. R. *et al*. "The Timeline of the Federal Government's Strategy to spread Covid-19". *In*: *LexAtlas C19 – Brazil*, 2021.

VERDUM, R. *Mulheres Indígenas, Direitos e Políticas Públicas*. INESC, 2008.

VILA-NOVA, C. Ministra Damares Alves agiu para impedir aborto em criança de 10 anos. *Folha de S. Paulo*, 2020. Disponível em: **https://www1.folha.uol.com.br/cotidiano/2020/09/ministra-damares-alves-agiu-para-impedir-aborto-de-crianca-de-10-anos.shtml**.

VITALE, D. *Deepening Global Deliberative Democracy*: The Participation of the Amazon Indigenous Peoples at the United Nations. Post-Doctoral Research Paper, European University Institute, 2016.

VITALE, D.; NAGAMINE, R.; SOUSA, G. "A ONU Mulheres na aldeia: iterações democráticas e mediação cultural". *In*: VITALE, D; NAGAMINE, R. (eds), *Gênero, Direito e Relações Internacionais*: debates de um campo em construção. Edufba, 2018.

VITALE, D.; NAGAMINE, R. *Towards Another Cosmopolitanism*: Indigenous Women´s transnational activism in Brazil. Manuscript, 2020.

WATTS, J. Jair Bolsonaro claims NGOs behind Amazon forest fire surge — but provides no evidence. *The Guardian*, Londres, 21 de agosto de 2019. Disponível em: **https://www.theguardian.com/world/2019/aug/21/jair-bolsonaro-accuses-ngos-setting-fire-amazon-rainforest**. Acesso em 7 de abril de 2022.

ZAMBRANO, C.G. *Mulheres Negras em Movimento*: Ativismo transnacional na América Latina (1980-1995). Tese de doutorado. Departamente de Sociologia da Universidade de São Paulo, 2017.

PESQUISA POR FAZER PARA UMA MUDANÇA TRANSFORMADORA: REPENSAR AS AGENDAS DE PESQUISA NO CAMPO AMBIENTAL

Myanna Lahsen

Introdução

Conhecimento serve ao poder mais eficazmente quando... aspectos políticos permanecem mais velados.

[STIRLING, 2015, TRADUÇÃO NOSSA]

Mesmo após décadas de vultosos investimentos em pesquisas para compreender as mudanças ambientais globais e agir sobre esse campo, as ações ainda são profundamente inadequadas. De acordo com a recente postagem no *Linkedin* da representante global de ciência para temas de sustentabilidade da *Microsoft*, a razão central que explica o porquê de estarmos perdendo biodiversidade e ecossistemas mais rápido do que podemos manejá-los é, como se costuma dizer, "você não consegue controlar o que não se mede". E a consequência disso, "você não consegue proteger o que não pode prever" (Figura 1).

FIGURA 1. **Postagem de Amy Luers**

Amy Luers · Following
Global Director Sustainabilitity – Science & ...
1d

We are losing biodiversity and ecosystems faster than we can manage it.
A key reason is, as the saying goes, **"you cannonat manage what you don't measure."** –"you cannot protect what you cannot predict".
(H/T on the latter to my friends at Group on Earth Observations (GEO) BON

A postagem dá voz e reforça suposições que são paradigmáticas na comunidade de pesquisas sobre mudança ambiental global (GEC, da sigla em inglês) dominada pelas ciências naturais. A representante obteve seu doutorado em ciências ambientais pela Universidade de Stanford, onde ocupou uma posição de liderança nessa comunidade de pesquisa; e deixou a posição de Diretora Executiva da plataforma de pesquisa *Future Earth* para assumir a sua posição na *Microsoft*. *Future Earth* é uma plataforma internacional de pesquisa que "apoia redes de dezenas de milhares de pesquisadores, criadores e profissionais trabalhando juntos para acelerar a transição para um mundo sustentável" (Future Earth, 2017).

Periodicamente, atuei na definição e coordenação de programas de pesquisa de mudanças globais, inclusive como consultora de ciências sociais do diretor do Programa Internacional de Geosfera-Biosfera (IGBP, da sigla em inglês) no final dos anos 2000, e eu constantemente ouvi essas afirmações por décadas nesses círculos. Sempre fiquei incomodada com o que é transmitido e reforçado, assim como impressionada com a facilidade de tais afirmações circularem como verdade nessas comunidades de pesquisa dominadas pelas ciências naturais, e tudo sem maiores argumentos e justificativas. Como na postagem do *Linkedin*, essas afirmações são tratadas como fatos inquestionáveis entre os líderes dos programas do GEC, que coordenam pesquisas internacionalmente, como o IGBP, que se fundiu ao Future Earth em 2015.

As afirmações ignoram *insights* sobre as complexidades da resposta social e do uso do conhecimento pela sociedade e nas políticas públicas, incluindo dados quantitativos e predições. Cultivados por autoridades com inclinações científicas quantitativas, as afirmações, que desafiam as evidências, servem para manter as agendas de pesquisa no campo ambiental cronicamente centradas nas ciências técnicas e naturais. Apesar do sólido conhecimento científico social revisado por pares que contraria sua posição, elas sobrevivem e servem para marginalizar ainda mais este conhecimento especializado em ciências sociais e humanas e, de forma mais geral, a pesquisa em ciências humanas — mesmo com as crescentes evidências da importância e do potencial dessas esferas de produção de conhecimento para os esforços de superar os impasses contemporâneos de políticas e ações em relação à GEC e às transições justas da sustentabilidade.

Na ciência e na política

A ênfase na quantificação e previsão como vitais para a gestão pode ser desafiada em vários aspectos. O conhecimento atual sobre a devastação de espécies — ecossistemas — e clima é impreciso, mas há muito tempo tem sido alarmante e, como tal, adequado para a tomada de decisão precaucional, sobretudo considerando os riscos que estão em jogo; a solução mágica dificilmente é estabelecer um número mais preciso para as mudanças de temperatura projetadas e seus impactos, ou para as espécies que estão desaparecendo. O site da fundação *World Wildlife* confirma que os números de biodiversidade, por exemplo, são aproximados: "é um mundo grande e complexo e descobrimos novas espécies para a ciência o tempo todo", ele informa; portanto, não sabemos quantas espécies existem, tampouco sabemos exatamente quantas estamos perdendo. No entanto, "temos muitos fatos e números que parecem indicar que as notícias não são boas", também informa o site, oferecendo estimativas de especialistas de que a perda atual de espécies é entre 1.000 e 10.000 vezes maior do que a taxa de extinção natural. Em uma base anual, isso pode significar entre 200 e 2.000 extinções por ano. Se a estimativa mais alta do número total atual de espécies for verdadeira, segundo a qual 100 milhões de espécies coexistem com os seres humanos no planeta Terra, as taxas podem corresponder a algo entre 10.000 e 100.000 espécies[1]. Quaisquer que sejam os números exatos, essas estimativas confirmam que existe uma crise global da biodiversidade, e que ela é grave.

Os números exatos podem ser enganosos, assim reduzindo a capacidade crítica em relação à sua precisão. Como por exemplo, um novo estudo descobriu recentemente que a extração de petróleo em depósitos de areias betuminosas no Canadá emite até 64 vezes mais do que o especificado nos números formais existentes, porque estes últimos ignoraram um subconjunto das espécies de gases liberados (He *et al.*, 2024). Da mesma forma, esquemas de políticas relacionadas ao REDD+ podem ser estudadas por meio de métodos quantitativos que têm ganhado crescente apelo entre cientistas sociais (Dauvergne; Clapp, 2016), almejados por seu suposto rigor e pelo status conferem na academia (Alexander, 2019). No entanto, o problema do vazamento, entre outras falhas, torna os números uma base não confiável e enganosa para conhecer sua real eficácia (Meyfroidt *et al.*, 2020). Também há custos de oportunidade para o valor atribuído à maior precisão e

1. *Cf.* https://wwf.panda.org/discover/our_focus/biodiversity/biodiversity/.

previsões. Cientistas sociais e analistas de políticas têm demonstrado há muito tempo que a ênfase em maior precisão dos diagnósticos e previsões é uma estratégia comum para adiar difíceis decisões políticas (Rayner; Sarewitz, 2021; Sarewitz, 2000; Sarewitz *et al.*, 2000).

As afirmações refletem uma conceituação simplista e linear da interface ciência-política-sociedade e omitem a menção ao papel da interpretação e da política. Elas perpetuam um grande ponto cego quando se trata de quando, como e se a informação é recebida, legitimada, executável e aplicada. Não importa o quanto o robusto conhecimento biofísico e ecológico permita a medição precisa das mudanças nas funções dos ecossistemas, como a regulação climática, a interpretação dessas medidas físicas "reside, em última instância, nas visões e definições das pessoas, que podem ser amplamente compartilhadas, mas também conflitantes" (Meyfroidt *et al.*, 2022, p. 1, tradução nossa). Sentido, diversidade e conflito social moldam o uso da terra e de outros recursos que geram desafios para a sustentabilidade, incluindo as mudanças climáticas, conservação da biodiversidade, a segurança alimentar, a redução da pobreza e a energia sustentável. Os estudos sociais da ciência há tempos mostram como os números são sociais e políticos, desde o estímulo e as formas de sua produção, até se e como são disseminados, legitimados, descartados ou utilizados em processos formais de tomada de decisão (Lahsen, 2004, 2005; Lahsen, 2009b; Lahsen, 2013a, 2013b; Lahsen; Turnhout, 2021; Petersen *et al.*, 2010; Pielke Jr; Ritchie, 2021a, 2021b; Porter, 1995; Van Der Sluijs, 2005; Van Der Sluijs *et al.*, 1998).

Superar impasses políticos, portanto, frequentemente depende menos de mais ciência do que do entendimento e mediação de visões e interesses conflitantes (Rayner; Sarewitz, 2021; Sarewitz, 2000; Sarewitz *et al.*, 2000). Muitas pessoas provavelmente permanecerão não convencidas diante de qualquer número, por mais sólido que seja; as ciências sociais demonstram que novos fatos e argumentos racionais são relativamente ineficazes quando confrontados com valores e crenças predefinidos, independentemente do lado em que se esteja em relação às mudanças climáticas, por exemplo (Kahan *et al.*, 2012). O entendimento geral dos mecanismos não é irrelevante, mas as decisões de proteger algo, ou não, dependem predominantemente de interesses, visões de mundo, poder e valores (Golding; Krimsky, 1992). Entender esses filtros sociais e descobrir maneiras de promover o diálogo e a aprendizagem social em um contexto de diversidade e conflito é, portanto, vital para alcançar respostas políticas e arranjos sociais mais robustos, justos e eficazes (Rayner ; Sarewitz, 2021; Regan, 2007).

Diante da persistente inação política e dos arranjos científicos que a sustentam, alguns cientistas sociais têm buscado direcionar a atenção pública para uma certa convergência de interesses, por trás dos apelos por um conhecimento cada vez maior — e mais preciso —, em detrimento de ações políticas oportunas. Há mais de vinte anos, o antropólogo cultural Steve Rayner defendeu uma moratória na pesquisa climática para chamar a atenção para esse obstáculo pouco reconhecido da política climática, argumentando que a base científica para a tomada de decisões por precaução já era significativa. Ele chamou a atenção para uma codependência que encoraja tanto cientistas quanto formuladores de políticas a "apoiar um status quo que nenhum dos dois busca, na verdade" (Rayner, 2002, tradução nossa). Conclusões semelhantes foram tiradas por inúmeras análises mais recentes da interface ciência-política. Por exemplo, uma compilação dessas análises concluiu em 2010 que uma reestruturação da ciência e da política é necessária para aprimorar as respostas às mudanças climáticas de forma a atender a objetivos comuns mais amplos (Driessen *et al.*, 2010). Uma década depois, Lahsen e Turnhout (2021) forneceram novas evidências em apoio a essas conclusões, incluindo exemplos de como a codependência entre ciência e política enfraquece as inclinações e a capacidade dos cientistas de se tornarem forças de mudança na ciência e na sociedade, apesar das persistentes e populares associações da ciência com o ato de dizer a Verdade ao poder.

Essa realidade — a combinação de respostas políticas cronicamente inadequadas, os altos riscos e os interesses poderosos que impulsionam o status quo — exige intervenções que, obviamente, podem emergir das ciências humanas críticas. Paradoxalmente, mas previsivelmente, dada a lógica dos arranjos sociais atuais, essas áreas permanecem flagrantemente subdesenvolvidas e marginais em investimentos nacionais de pesquisa. Isso, por si só, já deveria ser o foco de pesquisas, da educação pública e da mudança.

As duas seções seguintes retratam as tendências atuais nos níveis de investimentos em pesquisa do GEC. A primeira seção discute tendências internacionais, enquanto a segunda se concentra em realidades especificamente brasileiras, ilustrando a intencional falta de apoio institucional às ciências humanas, em geral, e em particular, às análises críticas ao sistema. Enfatizando a importância do reconhecimento mais amplo das funções hegemônicas identificadas nas agendas de pesquisa atuais e nas normas e pressupostos científicos do tipo perpetuado pelas alegações acima, a discussão que se segue levanta a questão contrafactual de como as realidades socioambientais atuais poderiam ser diferentes e melhores em um contexto de apoio institucional sustentado e adequado para pesquisas críticas ao sistema. Retorna-se à primeira compilação de pesquisas brasileiras sobre aspectos sociais dos desafios da GEC, publicada em 2001, para mostrar a pertinência contínua das questões críticas levantadas nela, questões que desde então desapareceram mais do que foram questionadas, engajadas e respondidas, embora sejam precisamente as linhas de questionamento e investigação que, se tivessem servido para definir agendas de pesquisa futuras, hoje poderiam ter apoiado transformações em direção à sustentabilidade e às aspirações nacionais de se tornar uma sociedade conhecimento capaz de cumprir os compromissos dos líderes mundiais sob a Agenda 2030 das Nações Unidas, pois mitigação climática e direitos humanos.

Investimentos em pesquisa e lacunas do conhecimento

Ciência, tecnologia, engenharia e matemática — as disciplinas STEM — continuam sendo privilegiadas em investimentos em pesquisa globalmente. Na área de pesquisa climática, a ênfase STEM se expressa em um foco em diagnósticos de condições biogeoquímicas passadas, presentes e futuras. Um estudo recente (Overland; Sovacool, 2020) sobre a alocação de financiamento para pesquisa climática por 333 fontes de financiamento em 37 países por quase duas décadas, encerrando em 2018, encontrou uma lamentável 'má alocação' de fundos de pesquisa, na medida em que 770% mais financiamento foi destinado às ciências naturais em comparação às ciências sociais. Além disso, o estudo constatou que a adaptação é o foco predominante dos investimentos em ciências sociais; durante os dezenove anos estudados, apenas 0,12% de todo o financiamento de pesquisa foi destinado à pesquisa em ciências sociais que investigava como mitigar as mudanças climáticas, em vez de apenas compreender o fenômeno e se adaptar a ele. Esse padrão de investimento reflete uma ortodoxia política mais ampla nas sociedades ocidentais, segundo a qual o investimento nessas disciplinas é a base mais robusta para garantir um futuro positivo, marcado pela estabilidade econômica, bem-estar social e proteção ambiental (Hulme, 2011).

Uma parte notável das autoridades científicas do GEC percebeu a importância das ciências humanas de meados ao final dos anos 2000. Eles foram, em parte, motivados por rigorosas revisões independentes dos programas responsáveis pela coordenação global da pesquisa nessa área. As revisões deixaram claro que os programas internacionais do GEC, dominados pelas ciências naturais, produziram pesquisas de alta qualidade, mas com impacto social limitado. As revisões dos programas recomendaram especificamente uma maior inclusão das ciências sociais para aumentar os benefícios sociais dos programas de pesquisa (Lahsen, 2016). Um subconjunto significativo das autoridades científicas se mobilizou para responder às revisões críticas, reformulando instituições e agendas de pesquisa, sob a égide do Conselho Internacional de Ciências (ICSU), que abrange as academias nacionais de ciências em todo o mundo. Nesse contexto, autoridades científicas lideradas pelo ICSU escreveram um editorial na Science em 2009 (Reid *et al.*, 2009) declarando que as ciências sociais serão pelo menos tão importantes quanto dominantes nas agendas de pesquisa da GEC (ou 'sistema Terra') daqui para frente. Esses autores, oriundos das ciências naturais e exatas, ecoaram os cientistas sociais. Cientistas sociais, cada vez mais, afirmaram que colher os benefícios dos conhecimentos arduamente conquistados nas ciências naturais exigia pesquisas para compreender melhor e apoiar de forma responsável a mudança sociopolítica, alinhada a objetivos amplos e inclusivos, com devida atenção às questões sobre poder e política (Palsson *et al.*, 2013; Sterman, 2008). Eles também observaram que nem todas as pesquisas se prestam de maneira significativa à quantificação (Hackmann; St. Clair, 2012).

No entanto, as mudanças concebidas e insistentemente reivindicadas estão se mostrando difíceis de serem concretizadas. O Future Earth surgiu a partir disso. Dirigentes do programa GEC, defendendo as ciências atmosféricas, desestabilizaram o Future Earth ao negar o apoio necessário, incluindo, mas não se limitando, aos níveis de financiamento. Assim, o Future Earth ficou fragilizado demais para ser a força pretendida para a mudança em favor da integração plena e igualitária da pesquisa em ciências sociais (Lahsen, 2016). Esse exemplo ilustra como as mudanças necessárias em instituições e padrões de financiamento são obstruídas por uma mistura nebulosa de interesses, hábitos e normas profissionais, incluindo noções culturais de importância científica, que prevalecem na comunidade científica do GEC (Lahsen; Turnhout, 2021). Esses fatores são tanto expressos quanto reforçados pelas afirmações que postulam a quantificação e as previsões como a chave para a transformação.

Como resultado, a dinâmica e as possibilidades para alcançar a mudança social permanecem insuficientemente compreendidas (Messerli *et al.*, 2019), apesar do aumento significativo de pesquisas sobre o tema na última década. Coautorado por um grupo de cientistas sociais destaques na área de políticas de mudança ambiental global, um artigo, publicado em 2021, discutiu a questão do porquê a mitigação climática tem sido tão inadequada, apesar de três décadas de esforços científicos e políticos para 'inverter' a curva de emissões globais de gases de efeito estufa. Como um sopro de ar fresco, seu estudo oferece uma abordagem explicitamente focada na política, contrastando os relatórios do Painel Intergovernamental sobre Mudanças Climáticas (IPCC). Em vez de gráficos de emissões históricas e previstas de gases de efeito estufa, o artigo se concentra em compreender o que impulsiona essas emissões e nos obstáculos para reduzi-las. Enquadrando a mudança climática como um problema sociopolítico, Stoddard *et al.* (2021) argumentam que ela é causada por uma série de fatores, mais proeminentemente: interesses, normas e imaginários que sustentam o extrativismo, suposições falaciosas de controle, burocracias, capital, colonialidade; estruturas de desigualdade; interesses geopolíticos e militares profundamente enraizados; instituições formais que não promovem análises críticas; e carência de capacidade psicológica, social e emocional para compreender, criticar e agir ou gerar impacto. Ecoando com outros (Stirling, 2019), eles também observam que o papel dos interesses estabelecidos e das imaginações predominantes é negligenciado tanto nas pesquisas sobre o clima quanto nas políticas correspondentes, apesar de estar entre as causas mais importantes dos fracassos na descarbonização (Stoddard *et al.*, 2021).

Aspectos vitais e relevantes permanecem insuficientemente estudados, incluindo as interconexões entre justiça ambiental, equidade, democracia e meio ambiente, apesar de importantes contribuições (Leach, 2020; Leach *et al.*, 2013; Leach *et al.*, 2018; Pickering *et al.*, 2022; Pogge, 2010; Rogers *et al.*, 2012). Ainda há muito a ser compreendido sobre as combinações e características mais eficazes de instituições e dos regimes de propriedade e controle público versus privado em diferentes contextos (Walker *et al.*, 2009), e "ainda há uma quantidade extremamente pequena de pesquisa que possa ser diretamente utilizada para orientar a formulação de políticas, ou seja, a verdadeira formação e reformulação da esfera pública" (Benson, 2009, p. 191, tradução nossa) em prol de objetivos comuns, apesar dos compromissos formais de cerca de 190 nações com a equidade, os direitos humanos e a sustentabilidade no âmbito das Nações Unidas.

O caso do Brasil

Com um escasso apoio institucional, financeiro e cultural, as ciências humanas permanecem subdesenvolvidas e subvalorizadas nos âmbitos da pesquisa e política ambiental brasileira. Isso é ilustrado pelo programa Ciência Sem Fronteiras, que também demonstra que a omissão é intencional; ao contrário do que seria um lapso, a marginalização das ciências sociais é veementemente defendida contra pressões por mudança, sob a premissa de que elas são irrelevantes para o desenvolvimento nacional e para a construção de sociedades do conhecimento.

O programa federal Ciência Sem Fronteiras, um investimento federal maciço em capacidade científica na primeira metade da década de 2010, tinha a ambição explícita de ajudar o Brasil a se tornar uma sociedade do conhecimento. As dezoito áreas elegíveis para apoio eram todas técnicas e científicas numa acepção restrita: Engenharia e demais áreas tecnológicas; Ciências Exatas e da Terra; Biologia, Ciências Biomédicas e da Saúde; Computação e Tecnologias da Informação; Tecnologia Aeroespacial; Fármacos; Produção Agrícola Sustentável; Petróleo, Gás e Carvão Mineral; Energias Renováveis;

Tecnologia Mineral; Biotecnologia; Nanotecnologia e Novos Materiais; Tecnologias para a Prevenção e Mitigação de Desastres Naturais; Biodiversidade e Bioprospecção; Ciências do Mar; Indústria Criativa (voltada a produtos e processos para desenvolvimento tecnológico e inovação); Novas Tecnologias de Engenharia Construtiva; Formação de Tecnólogos[2]. As ciências sociais e humanas foram inteiramente excluídas, como se as questões de forças sociais e as compreensões da realidade não tivessem impacto no desenvolvimento do Brasil.

Uma ação civil pública movida perante a Justiça Federal do Ceará resultou em uma liminar exigindo a inclusão das ciências humanas entre as áreas elegíveis. No entanto, um juiz do Tribunal Regional Federal suspendeu posteriormente essa liminar, convencido pelos argumentos apresentados pelos representantes do governo federal, pelo Procurador Regional da União e pela Consultoria Jurídica do Ministério da Educação. Não apenas as humanidades nunca foram contempladas pelo programa, assim como observaram esses representantes do governo; mas também a expansão do escopo do programa para incluir as ciências humanas corria o risco de comprometer a própria base do programa, "não só quanto ao financiamento do mesmo, mas também à própria filosofia que deu origem à criação do programa"[3]. As páginas dos ministérios federais que veicularam essas informações não indicaram em que consistia essa 'própria filosofia'. Eles transmitiram, no entanto, a ânsia de alcançar os Estados Unidos em 'competitividade'[4], especificamente em conhecimento técnico. "Os Estados Unidos são líderes em educação de qualidade, especialmente

---

2. *Cf:* https://www.gov.br/cnpq/pt-br/acesso-a-informacao/acoes-e-programas/programas/ciencia-sem-fronteiras/apresentacao-1/areas-contempladas. Acesso em: 1 abr. 2021.

3. *Cf:* https://portal.mec.gov.br/ultimas-noticias/222-537011943/18394-tribunal-susta-liminar-sobre-a-inclusao-das-ciencias-humanas.

4. *Cf.* http://portal.mec.gov.br/component/tags/tag/ciencia-sem-fronteiras?start=80.

nas áreas prioritárias do Ciência sem Fronteiras, como engenharia, tecnologia e ciência da computação", afirmou o Ministro da Educação, Aloizio Mercadante, que também havia servido recentemente como Ministro da Ciência e Tecnologia (2011-2012), entre outros cargos governamentais de alto escalão. Mercadante não observou — nem ninguém do governo, de forma aparente, expressou preocupação — que o Brasil também está defasado em ciências sociais ambientais e humanidades. Os principais países e órgãos financiadores que apoiam a pesquisa climática em ciências sociais estão concentrados nos países mais ricos do mundo, principalmente América do Norte e Europa (Overland; Sovacool, 2020). Nos anos 2000, as ciências sociais com foco em GEC na América Latina mostraram-se escassas, mesmo em comparação com outros países do Sul Global (Conselho Internacional de Ciências Sociais, 2010).

Os editais de agências brasileiras de fomento para propostas de pesquisa na área de mudanças climáticas invariavelmente se concentram em ciências técnicas e naturais, deixando espaço marginalizado para as ciências sociais (Lahsen; Turnhout, 2021); as investigações elegíveis em ciências sociais referidas mencionam apenas o estudo de impactos e adaptação, não de transformação, pois em alinhamento com as tendências internacionais de dez anos antes (O'Brien, 2012). Um impulso internacional para a ciência social crítica em transformações sustentáveis cresceu em meados da década de 2010 com o programa Future Earth. No entanto, o cientista da computação responsável pela institucionalização do Future Earth no Brasil restringiu a relevante chamada para propostas de pesquisa quantitativa em ciências sociais. Além disso, quando os editais de financiamento são feitos, no caso para pesquisas em ciências sociais pertinentes à área ambiental, os recursos disponibilizados são modestos em comparação com outras chamadas que se concentram em dimensões biogeoquímicas. Essas afirmações são corroboradas por exemplos discutidos por Lahsen e Turnhout (Salmi; Fleury, 2022) e ficaram mais uma vez evidentes em um edital recente da Plataforma Transatlântica para as Ciências Sociais e Humanas, do qual a Fundação Fapesp do Brasil participou; os recursos máximos que poderiam ser solicitados por ano eram de R$ 150.000,00 — aproximadamente US$ 30 mil (Fapesp, 2023). Consultando cientistas sociais ambientais brasileiros, eles confirmaram as observações deste parágrafo. Ao compartilhar o texto com eles (em janeiro de 2024), um deles respondeu: "Até onde eu acompanhei, houve poucos editais focados na questão climática nas agências nacionais (Capes e Cnpq) e neles havia pouco espaço para as ciências sociais. Então me parece que sua análise está correta." Outro respondeu: "acho que sua percepção está correta. Nunca vi chamadas explicitamente de ciência social crítica. O que vejo, às vezes, são chamadas nas quais você poderia tentar encaixar algo, como as chamadas internacionais da FAPESP, ou chamadas genéricas que aceitam qualquer coisa, como universais do CNPq ou Fapesp. Mas as chamadas explícitas ou direcionadas tendem a ser sempre em ciências naturais ou quantitativas."

Como resultado, as investigações brasileiras em ciências sociais e humanas sobre as mudanças climáticas ainda são incipientes, assim como as investigações que integram a ciência política com a sociologia ou a filosofia (Salmi; Fleury, 2022). A análise de Salmi e Fleury de dez anos (2011-2021) de produção em ciências sociais com foco em clima por pesquisadores brasileiros usando as bases de dados Scielo Citation Index e Web of Science resultou em um total de apenas 154 trabalhos publicados. Uma grande parte dessas publicações se concentrou em diplomacia e governança em nível internacional de forma ampla, particularmente, processos de nível internacional relacionados à UNFCCC. Comum no Brasil, essa canalização da atenção incentiva a compreensão das mudanças climáticas como um problema a ser abordado principalmente por diplomatas em fóruns internacionais, em particular a UNFCCC (Lahsen *et al.*, 2020). Isso tende a despolitizar as respostas às mudanças climáticas e aos desastres naturais em nível nacional (Lahsen *et al.*, 2020), inclusive porque diplomatas brasileiros, por sua vez, enfatizam a responsabilidade primária dos países ricos nas arenas internacionais (*ibid.*). Em consonância com as descobertas de Overland e Sovacool em nível internacional, o tema da adaptação é o foco predominante das ciências sociais sobre mudanças climáticas no Brasil, de acordo com Salmi e Fleury.

A "ciência por fazer" (Frickel *et al.*, 2010, p. 444) deixa grandes lacunas na compreensão de fatores decisivos para a política ambiental, como os identificados por Stoddard *et al.* (2021) em sua análise acima mencionada sobre por que a curva de emissões de gases de efeito estufa não foi 'invertida', apesar de décadas de esforços em política climática. Embora os investimentos em pesquisa STEM tenham sido feitos em nome do desenvolvimento nacional e da transformação em uma sociedade do conhecimento, nenhum desses conhecimentos ajudou a prever — e muito menos a prevenir — a queda do Brasil em um caos de tirar o fôlego, após o golpe de Estado apoiado pela mídia (Van Dijk, 2017), que abriu caminho para a eleição de Jair Bolsonaro em 2018 (Mier *et al.*, 2023). Após conquistas impressionantes no combate à pobreza e à fome, esses males nacionais de longa data aumentaram novamente, e de forma drástica, juntamente com o desmatamento e as emissões de gases de efeito estufa (Lahsen, a ser publicado). As mudanças políticas pós-impeachment também causaram uma trágica perda de vidas devido à Covid (Fonseca *et al.*, 2021) e abusos contra povos indígenas e seus meios de subsistência (Gatti *et al.*, 2023). Após pouco mais de 100 dias no cargo em 2019, o presidente Jair Bolsonaro afastou ainda mais o Brasil da ação climática e do cumprimento de seus compromissos com o Acordo de Paris (Climate Action Tracker, 2019).

Essas mudanças políticas com consequências ambientais surgiram de atores e fatores socioeconômicos e políticos que permanecem muito menos estudados e compreendidos do que a biogeoquímica na pesquisa ambiental. Existem pouquíssimos dados empíricos e análises perspicazes sobre o antiambientalismo no Sul Global como um todo. Stoddard *et al.* (2021) apontam um único e breve artigo sobre o fenômeno na China como um dos únicos exemplos. No Brasil, relativamente pouca pesquisa nacional ajudou a ter uma melhor compreensão da ascensão de Jair Bolsonaro e das forças por trás dele. Por exemplo, sua eleição subitamente tornou evidente a existência e a extensão de forças antiambientalistas que haviam passado amplamente despercebidas na literatura internacional. Estudos de cobertura da mídia concluíram que o antiambientalismo praticamente não existia no Brasil (Dayrell; Urry, 2015) e que era, em grande parte, um fenômeno de países anglófonos, especialmente os Estados Unidos (Painter, 2011; Painter; Ashe, 2012).

No entanto, havia indícios. Algumas ciências sociais brasileiras monitoraram e ofereceram análises de algumas dessas manifestações e de forças antiambientais possivelmente relacionadas. Algumas delas foram publicadas antes da eleição de Bolsonaro (Loureiro; Layrargues, 2013) (mas não receberam o devido peso, considerando sua importância); outros trabalhos surgiram imediatamente antes ou depois de sua eleição (Layrargues, 2017, 2018). Muitas outras análises, infelizmente, só surgiram para dar sentido aos fenômenos de Bolsonaro e do antiambientalismo no Brasil após sua ascensão (Basso, 2019; Casarões; Flemes, 2019; Doctor, 2019; Feres Júnior; Gagliardi, 2021; Rajão *et al.*, 2022; Rocha *et al.*, 2021). No entanto, expressões distintamente brasileiras de obstrução da política climática e do negacionismo científico já eram perceptíveis muito antes, inclusive entre diplomatas climáticos brasileiros (Lahsen, 2004). Essa linha de pesquisa não é considerada relevante e incluída nos relatórios do IPCC, nem nos relatórios do processo de avaliação nacional brasileiro, fielmente moldados à sua imagem; algumas linhas de conhecimento são ignoradas pelos governos (Fleury *et al.*, 2022), e não apenas por governos com tendências obviamente antiambientais.

Desconstruindo o triunfo da ciência natural sobre o pensamento crítico

Como fica evidente na discussão e nos exemplos acima, as próprias disciplinas STEM, e aquelas que privilegiam o investimento nelas, sustentam expectativas que não conseguem atender e, muito menos quando se trata de enfrentar as mudanças climáticas, promover transformações rumo à sustentabilidade (Hackmann *et al.*, 2014; Hulme, 2011). Inerentemente complexas e incertas, as respostas a esses problemas sistêmicos complexos, 'pós-normais', dependem de valores e pressupostos sobre como as sociedades e os humanos podem e devem ser organizados. Esse é o âmbito das ciências humanas. Enquanto a ciência política e a economia têm sido privilegiadas entre as ciências sociais, análises em campos mais imbuídos de teoria crítica, como sociologia, antropologia e estudos de mídia, podem iluminar as forças e os significados sociopolíticos multiescalares que obstruem respostas sociais adequadas diante de ameaças agora irrefutáveis, como as mudanças climáticas globais e a perda de biodiversidade. Ainda há muito a saber, principalmente sobre a natureza e o alcance multiescalar do poder estrutural (Clark; Harley, 2020; Fuchs; Clapp, 2009).

Overland e Sovacool (2020) consideram uma variedade de argumentos que podem justificar o padrão de investimento atual, como os fatos de que (1) as ciências sociais recebem menos fundos porque não geram ideias e soluções suficientemente interessantes e (2) a pesquisa em ciências naturais depende mais de equipamentos e materiais de alto custo. Os autores rebatem esses argumentos, porém, sem que tais argumentos se tornem circulares, visto que os padrões atuais de financiamento podem ser responsáveis por esses resultados, na medida em que sejam reais. Eles observam que as ciências sociais produziram muitas ideias e soluções para mitigar as mudanças climáticas, incluindo mecanismos fiscais e empoderamento comunitário, e que um fator limitante pode ser o financiamento para pesquisa e as capacidades relacionadas para desenvolver essas e outras ideias. Turnhout e Lahsen apresentam um argumento semelhante, contestando cientistas naturais que argumentam que a pesquisa "fez a sua parte", como se a pesquisa acadêmica não pudesse fazer mais para compreender e ajudar a superar a inação crônica (Turnhout; Lahsen, 2022, p. 834).

Devidamente apoiadas e orientadas, as ciências sociais podem ajudar a investigar e esclarecer as causas e consequências da gama de respostas potenciais aos desafios da GEC, bem como aos problemas sociais relacionados. Elas podem proporcionar crítica social, servindo como um espelho para a sociedade examinar criticamente os males socioambientais e repensar, de forma orientada, quais seriam as melhores respostas e arranjos sociais. O pensamento crítico é cada vez mais reconhecido como o recurso mais importante que as sociedades podem desenvolver na conjuntura atual, juntamente com o pensamento sistêmico (Dixson-Declève *et al.*, 2022); esta é uma das alavancas mais profundas e essenciais para a transformação (Abson *et al.*, 2017), pois pode reduzir pontos cegos e ajudar a escapar de suposições limitantes, incluindo concepções de governança ambiental excessivamente pautadas na biogeoquímica, que restringem o entendimento do que deve ser incluído para uma atuação eficaz na era do poder algorítmico (Lahsen, a ser publicado). Nesse sentido, compreensão dos fatores e forças sistêmicas, e do redesenho das instituições — com base nisso — de forma que estas possam nutrir e se beneficiar da diversidade de perspectivas existentes em uma sociedade, enquanto restringem os abusos que surgem com a dominação de uma determinada visão de mundo ou conjunto de pressupostos socioculturais e políticos (Rayner; Sarewitz, 2021). O desenvolvimento de instituições democráticas pode ser o meio mais eficaz de nutrir a proteção ambiental global (Leach, 2020; Sarewitz; Pielke Jr, 2000), e a pesquisa pode oferecer subsídios (Matos, 2014).

Dentre todas as linhas de pesquisa existentes, as ciências humanas são, portanto, excepcionalmente importantes para o desenvolvimento e o progresso nacionais, ambos concebidos de forma mais ampla. Expõe-se uma contradição nos investimentos federais em pesquisa no Brasil para ajudar o país a se tornar uma sociedade do conhecimento — na própria 'filosofia' que privilegia a pesquisa em STEM a ponto de uma exclusão deliberada — e veemente — das ciências sociais. Por definição, as sociedades do conhecimento convertem informações em recursos que ajudam cada membro a adotar ações significativas que promovam o avanço da sociedade como um todo (Stiglitz; Greenwald, 2014)[5]. Esse processo de transposição, no entanto, não é automático. Como observam os autores do Relatório Global de Desenvolvimento Sustentável de 2019 (Messerli *et al.*, 2019), esse processo pode ser promovido por pesquisas que identifiquem alavancas que atendam aos objetivos interligados de sustentabilidade, equidade e democracia, incluindo como ativá-las; sustentabilidade e equidade são interdependentes, e a preponderância de evidências sugere que elas são melhor atendidas pela democracia (Pickering *et al.*, 2022). Inversamente, a desigualdade tende a agravar a degradação ambiental, e o déficit democrático tende a gerar desigualdade (Leach, 2020). As ciências sociais já produziram um conjunto significativo de *insights* e recomendações para uma governança epistêmica e tecnológica responsável (ou seja, democrática e participativa), propícia à formação de sociedades do conhecimento (Macnaghten, 2020a, 2020b). Em um cenário de maior apoio e inclusão de cientistas sociais atuantes nessa área, instituições mais fortes poderiam ter sido estabelecidas para proteger interesses públicos mais amplos e o meio ambiente.

O aumento do financiamento para ESS críticos aumentaria a pressão por mudanças. No entanto, embora a intensidade da produção (quantidade de pesquisa) possa se transpor em maior influência, fomentar pesquisas capazes de apoiar transformações socioambientais

5. Ver também Knowledge society. Disponível em: **https://en.wikipedia.org/wiki/Knowledge_society**. Acesso: 6 de Abril de 2021 .

exige mais do que apenas mais dinheiro. Requer visão, proteção, orientação, supervisão e participação públicas. Insuficientemente capacitada, orientada e protegida no momento, grande parte da produção acadêmica das ciências sociais é relativamente irrelevante para os maiores e mais urgentes desafios socioeconômicos e ambientais, e tímida quando se trata de abordar certos problemas, reforçando assim as tendências sociais em direção ao status quo (Conca, 2015; Dimitrov, 2020; Handmer; Dovers, 2009; Newell, 2011). Este é um dilema que deveria ocupar centralmente as sociedades. O fato de a vontade política e a capacidade de agir com base no conhecimento serem restringidas por forças dominantes que impulsionam o status quo cria um cenário de impasses, no qual a agência humana é crucial. Na medida em que a pesquisa pode ajudar a superar os obstáculos à ação, ela deve buscar fortalecer essa agência em consonância com os atuais compromissos internacionais com o desenvolvimento sustentável e os direitos humanos, pressionando pelas bases institucionais necessárias para alcançá-los (Conca, 2015; Park *et al.*, 2008; Walker *et al.*, 2009).

Para um desempenho ideal, os próprios pesquisadores devem ter condições de questionar e ir além das premissas dominantes tanto na ciência quanto na sociedade. O pensamento crítico sistêmico requer estruturas de incentivo favoráveis, incluindo status e financiamento. Requer estabilidade e outros mecanismos de proteção contra influências corruptoras e neutralizantes. Pesquisadores acadêmicos frequentemente navegam em conhecimento proibido e se autocensuram. Uma mistura de interesses, normas e dependências restringe pesquisadores, incluindo cientistas sociais, de abordar questões sensíveis (Lahsen; Turnhout, 2021). A mera percepção de sanção social leva muitos a se absterem de seguir linhas de pesquisa politicamente sensíveis e controversas (Kempner *et al.*, 2005).

Pressupostos comuns e hegemônicos atualmente limitam o que se pensa que a pesquisa e a governança ambiental abrangem (Lahsen, 2020, no prelo). Isso deixa a pesquisa e a governança de inteligência artificial e sistemas de mídia à margem da pesquisa em sustentabilidade (Lahsen, 2020, no prelo), por exemplo, e cria um relativo vazio de pesquisa em torno das questões-chave da nossa época: quem decide quem tem autoridade para decidir o que pode ser conhecido? — o que também implica sentimentos, dada a natureza inextricavelmente interligada das emoções e do pensamento (Lakoff, 2010; Mercier; Sperber, 2017). A governança epistêmica inclui decisões sobre o que não financiar; 'pesquisas por fazer' fazem parte de uma camada de governança epistêmica insuficientemente reconhecida. Um dos resultados é que a inteligência artificial e os sistemas de mídia, novos e antigos, são atualmente deixados em sua esmagadora maioria às mãos dos mais altos escalões, delegando profundo poder sobre a opinião pública, as premissas dominantes, os resultados eleitorais e, até mesmo, as estruturas de sentimento, sob condições de pouca transparência e conhecimento público, sem mencionar a supervisão pública (Pasquale, 2015; Zuboff, 2019, 2021). Apesar de seu poder de moldar os rumos da sociedade, mesmo pesquisadores treinados em ciências sociais críticas tendem a deixar essas ferramentas excepcionalmente poderosas de persuasão fora de seu alcance (Lahsen, 2024, no prelo).

O modo como tais lacunas de pesquisa e a atenção política surgem, são sustentadas e podem ser mudadas de acordo com objetivos sociais mais amplos deveria ser a principal prioridade de pesquisa em todo o mundo. Debates e definições sobre o que é o conhecimento proibido para a comunidade científica geralmente ocorrem de forma velada e entre elites, com papel específico de legisladores e agências federais. Cientistas e leigos têm exposição e oportunidades limitadas para intervir nesse nível (Frickel *et al.*, 2010), privando-os tanto de influência sobre esse nível de tomada de decisão quanto, até mesmo, da consciência sobre até que ponto os resultados sociais são gerenciados por meio da governança epistêmica, incluindo decisões de deixar certos campos e linhas de investigação inacabados. A ciência social crítica é necessária para fornecer esse conhecimento, incluindo estudos sociais interdisciplinares de ciência e tecnologia na sociedade, comumente conhecidos como Estudos de Ciência e Tecnologia (ECT). Nas palavras de Kreimer e Vessuri (2018), os ECT possuem ferramentas conceituais críticas para:

> Analisar criticamente as atuais relações entre ciência e sociedade, para auxiliar os tomadores de decisão e ajudar o público a entender as implicações das mudanças tecno-científicas contemporâneas, além de apoiar o desenvolvimento de soluções mais justas e equitativas para combater os desafios do mundo em transformação. Não há dúvida de que, longe de ter alcançado a maturidade, este é um espaço em um estado permanente de construção (Kreimer; Vessuri, 2018, p.17, tradução nossa).

Pesquisa por fazer

Uma 'nova sociologia política da ciência' emergiu contraria a muitas das tendências discutidas acima. Este subcampo nos estudos de ciência e tecnologia contraria a tendência para fenômenos de nível micro e focos técnicos que Dauvergne e Clapp (2016) também observam no estudo da política ambiental global (ver acima). Desviando a área de Estudos de Ciência e Tecnologia (STS) para além das abordagens microsociológicas sobre a construção do conhecimento e das tecnologias e em direção à "organização política e institucional da ciência e do conhecimento científico em níveis mesosociológicos e macrosociológicos" (Frickel *et al.*, 2010, p. 2), essa vertente da pesquisa foca a atenção nas "desigualdades distributivas na tecnociência e nas maneiras em que manifestações formais e informais de poder, acesso a recursos, relações entre organizações e procedimentos para a formulação de regras criam perdedores assim como vencedores e explicam tanto a estagnação quanto a mudança internacional" (Frickel *et al.*, 2010, p.

2). Cunhando conceitos como 'agnotologia' (Proctor ; Schiebinger, 2008) e 'ciência por fazer' (Frickel *et al.*, 2010), o trabalho desta nova sociologia política da ciência aborda como áreas de pesquisa acabam ficando sem financiamento, incompletas ou geralmente ignoradas, e como isso faz parte de uma política de conhecimento mais ampla que inclui a não produção sistemática de conhecimento para servir a uma matriz de interesses institucionais que conecta Estado, indústria e movimentos sociais. Ecoando Rattner, o trabalho expõe e analisa tendências sistemáticas de produção de conhecimento em consonância com os pressupostos culturais e os interesses materiais de grupos privilegiados, resultando em conhecimento ainda por fazer, estigmatizado ou privado de status e credibilidade.

Embora a pesquisa sobre a construção participativa de cenários e outros aspectos da facilitação da transformação tenha aumentado significativamente na última década, muito menos pesquisas desse tipo são realizadas. Relativamente poucas pesquisas investigam como mitigar as GEC em comparação com o volume de pesquisa dedicado à definição dessas mudanças e seus impactos (Overland; Sovacool, 2020). A transmissão pública desses diagnósticos da dinâmica biogeoquímica e seus prováveis impactos futuros provaram ser uma estratégia insuficiente para a mudança. Fora da ciência política e da economia, as contribuições das ciências humanas não alcançaram muita inclusão e atenção nos relatórios emitidos pelo IPCC e outras organizações. Apesar de alguns esforços importantes de síntese e integração entre as ciências sociais, muito do que foi produzido não foi avaliado e resumido centralmente; até o momento, não há um corpo integrado e impactante de ciências humanas do sistema Terra (Palsson *et al.*, 2013).

Uma questão contrafactual é se diferentes escolhas de investimento e apoio à pesquisa nacional ao redor do mundo poderiam ter garantido um mundo mais sustentável hoje. Será que uma maior inclusão das ciências humanas nas agendas de pesquisa poderia ter gerado conhecimentos e instituições mais capazes de proteger a longo prazo os interesses públicos inclusivos contra as forças regressivas que recentemente desfizeram anos de árduo progresso socioambiental? A pesquisa em ciências humanas tem potencial para apoiar esse processo, um potencial que tem sido insuficientemente nutrido até agora. Sem dúvida, teria valido a pena apostar nisso décadas atrás. No Brasil, pesquisas e *insights* críticos para o sistema estavam presentes na primeira compilação sobre ciências humanas da GEC, um livro de 2001 editado por Daniel Hogan e Maurício Tolmasquim (2001). Se as instituições científicas e políticas tivessem sido redesenhadas com base nesse conhecimento a partir de então, as agendas e sociedades de pesquisa poderiam de fato ter sido diferentes e melhores. A ênfase em disciplinas STEM parece mais a estratégia de atraso — exatamente como os analistas vêm apontando há tempos.

Intitulado *Human Dimensions of Global Environmental Change: Brazilian Perspectives*, o livro foi motivado pelos preparativos para a *International Open Meeting of the Human Dimensions of Global Environmental Change Community* de 2001. Os preparativos levaram à criação de um Comitê Nacional sobre as Dimensões Humanas da GEC, sob os auspícios da Academia Brasileira de Ciências, que produziu o livro. Enquanto o prefácio evitava a discussão sobre a política da ciência e normas associadas e a alocação de financiamento[6], um capítulo do livro abordou diretamente essas disputas políticas. Escrito pelo saudoso Henrique Rattner, doutor em filosofia, mas com

---

6. O prefácio do livro observou a limitada tradição brasileira da produção acadêmica sobre as mudanças ambientais globais e as políticas relacionadas. Ele explica a limitação como uma função de escala dos desafios no tempo e no espaço, assim como uma maior atração por problemas ambientais locais — problemas "marrons" como rápida urbanização, a pobreza urbana, a gestão urbana precária e a oferta inadequada de serviços, incluindo o acesso à eletricidade, à água e ao ar limpos. Explica-se que a urgência desses problemas primários afastou a atenção para aqueles que são relativamente mais difíceis de observar, bem como os problemas globais e, em parte, projetados para o futuro.

atuação também como sociólogo e analista de desenvolvimento, o capítulo enfatizou as políticas de nível metaestrutural e as influências sobre elas, ambas raramente abordadas em pesquisas sobre política ambiental global, tanto no Brasil quanto internacionalmente; Dauvergne e Clapp documentam uma tendência na produção acadêmica internacional sobre política ambiental global, cada vez menos voltada à consideração dos macrocontextos políticos (Dauvergne; Clapp, 2016). "O sistema financeiro global influencia enormemente tudo o que é construído, planejado e decidido dentro das fronteiras nacionais" (Rattner, 2001, p. 195), escreveu ele, enfatizando como esse sistema usa e molda a ciência para promover interesses hegemônicos. Enquanto as ciências naturais desafiavam arranjos sociopolíticos baseados na religião durante a Idade Média, na era do capitalismo e da GEC, escreveu Rattner, esse papel passou a ser preenchido pelas ciências sociais críticas, mas ao custo de sua desvalorização politicamente motivada.

Nesse período de declínio e crise da ordem capitalista, a ciência social crítica passou a ser vilipendiada e, por vezes, perseguida pelo Estado autoritário e pelo *establishment* científico. O primeiro vê o criticismo social como uma ameaça à estabilidade política ou ao status quo, enquanto cientistas, cooptados ou aliados às estruturas de poder, negam seu rigor científico em conteúdo e metodologia. Por adotar uma postura radicalmente crítica em relação às práticas destrutivas empregadas na exploração dos recursos naturais e da força de trabalho, o conhecimento produzido pela ciência social crítica tem sido ignorado ou rejeitado como não científico e, portanto, de valor e significância insuficientes para ser útil na formulação de políticas públicas. Como consequência, a crítica social desapareceu quase totalmente do discurso científico, tanto dentro quanto fora da universidade (Rattner, 2001, p. 196).

Rattner observa a ausência generalizada na literatura sobre GEC de discussões sobre atores sociais com diferentes visões, interesses e estruturas cognitivas. No entanto, argumenta ele, qualquer proposta de mudança deve partir desses fatores e buscar responder à pergunta: "que tipo de sociedade queremos construir?" (Rattner, 2001, p. 210). As respostas seriam buscadas atendendo aos problemas de desemprego, desigualdade, falta de democracia participativa, constantes violações de direitos humanos e degradação da qualidade de vida da maioria da população mundial, particularmente dos menos favorecidos. Combinaria as atividades científicas tradicionais com novas práticas de ação coletiva, aprendizagem social e experimentação. Seu capítulo termina com este parágrafo, tão relevante hoje quanto era em 2001:

> A assimetria social está sendo cada vez mais reconhecida como o principal obstáculo à construção de sociedades sustentáveis. Portanto, ao definirmos nossa agenda de pesquisa para um mundo sustentável, os problemas relacionados às relações de poder, ao papel do Estado, à conquista da democracia participativa e aos direitos universais da cidadania devem receber prioridade absoluta (Rattner, 2001, p. 212, tradução nossa).

É uma pena que ele não tenha sido escutado.

Conclusão

Na área de pesquisa ambiental no Brasil e internacionalmente, dar prioridade às ciências naturais e técnicas é o padrão, baseado em uma série de premissas que, ao mesmo tempo e paradoxalmente, são persistentes e desafiam as evidências. Entre elas, a premissa de que a peça que falta é uma compreensão mais precisa da dinâmica biogeoquímica e que previsões, prognósticos e cenários induzirão as ações necessárias. Apesar do amplo conhecimento de que esse 'modelo linear' da interface entre pesquisa e política não é o que se verifica na realidade, as agendas de pesquisa são persistentemente moldadas como se fosse assim, e como se a pesquisa não pudesse ajudar a melhorar a dinâmica dessa interface e promover respostas mais eficazes diante da GEC. Muito menos atenção da pesquisa é dada à questão das respostas e ações. Definidas como uma sociedade que "gera, compartilha e disponibiliza a todos os membros da sociedade conhecimento que pode ser usado para melhorar a condição humana"[7], as sociedades se tornam sociedades do conhecimento quando "transformam informações em recursos que permitem à sociedade tomar ações eficazes", em oposição à mera criação e disseminação de dados e informações. O modelo de interface linear entre ciência e política que sustenta as atuais agendas de pesquisa ambiental centradas na biogeoquímica pressupõe que essa capacidade existe, obstruindo, paradoxalmente, a mobilização para criar tal capacidade em apoio às mudanças sistêmicas necessárias.

Para colocar em movimento transformações justas em direção à sustentabilidade, os estudos e a educação pública podem centrar-se nas inúmeras maneiras pelas quais — e razões pelas quais — a ciência e os próprios processos de tomada de decisão frequentemente acabam obstruindo a mudança. A falha em fornecer apoio institucional e status para tais esforços é lógica à luz do conhecimento bem estabelecido sobre a cumplicidade entre ciência e política. No entanto, essa falha é ilógica do ponto de vista científico, considerando a irrefutável insuficiência de ação, apesar da abundante pesquisa biogeoquímica e das previsões de desastres que abrangem décadas, sem alterar significativamente a mensagem básica de que os humanos devem aprender a viver de forma mais equitativa e sustentável. A pesquisa deve priorizar a investigação de como o poder estrutural sustenta o status quo por meio de desenhos institucionais e governança epistêmica, e como

7. *Cf.* https://en.wikipedia.org/wiki/Knowledge_society.

mudar e canalizar esse poder em favor de objetivos públicos inclusivos de longo prazo. Uma parte inerente de tais esforços deve visar aprimorar o conhecimento sobre como melhor utilizar as ferramentas contemporâneas de coerção e persuasão para objetivos progressistas, construindo instituições democráticas significativas, capazes de aplicar melhor o conhecimento existente às avaliações ambientais e à tomada de decisões. Tal projeto requer repensar as concepções atuais do escopo legítimo da política ambiental, alcançando um nível mais alto de harmonização de políticas em todas as escalas e campos de conhecimento, política e ação.

Mudanças institucionais na ciência e no governo são necessárias para garantir que as ciências humanas críticas recebam o apoio e a orientação visionária necessários para desenvolver seu potencial e apoiar transformações em consonância com os compromissos dos líderes mundiais com a Agenda 2030 das Nações Unidas, a mitigação das mudanças climáticas e a defesa dos direitos humanos. Isso também exigirá reflexividade dentro das ciências humanas, capaz de nutrir uma nova determinação e capacidade de repensar e redesenhar a produção de conhecimento para esse fim, utilizando o melhor do conhecimento já adquirido sobre arranjos institucionais mais propícios ao atendimento de amplos interesses públicos em bem-estar, democracia, participação, equidade e segurança, no presente e no futuro.

REFERÊNCIAS

ABSON, D. J., FISCHER, J., LEVENTON, J., NEWIG, J., SCHOMERUS, T., VILSMAIER, U., VON WEHRDEN, H., ABERNETHY, P., IVES, C. D., JAGER, N. W. "Leverage points for sustainability transformation". *In*: *Ambio* 46, 2017, p. 30-39.

ALEXANDER, J. C. "What social science must learn from the humanities". *In*: *Sociologia & Antropologia*, 2019, p. 43-54.

BASSO, L. "Presidential diplomacy reversed: how Bolsonaro's attack on the environment is undermining Brazilian international power". *In*: *Mundorama*, 30 August, 2019. Disponível em: **https://www.mundorama.net/?p=25959**.

BENSON, R. "Shaping the public sphere: Habermas and beyond". *In*: The American Sociologist 40, 2009, p. 175-197.

CASARÕES, G., FLEMES, D. *Brazil first, climate last*: Bolsonaro's foreign policy. 2019.

CLARK, W. C., HARLEY, A. G. "Sustainability science: Toward a synthesis". *In*: *Annual Review of Environment and Resources* 45, 2020, p. 331-386.

CONCA, K. *An unfinished foundation*: The United Nations and global environmental governance. Oxford University Press, USA, 2015.

DAUVERGNE, P., CLAPP, J. "Researching global environmental politics in the 21st century". *In*: Global Environmental Politics 16, 2016, p. 1-12.

DAYRELL, C., URRY, J. "Mediating climate politics: The surprising case of Brazil". *In*: European Journal of Social Theory 18, 257-273, 2015.

DIMITROV, R. S. "Empty Institutions in Global Environmental Politics". *In*: International Studies Review 22, 2020, p. 626-650.

DIXSON-DECLÈVE, S., GAFFNEY, O., GHOSH, J., RANDERS, J., ROCKSTROM, J., STOKNES, P.E. *Earth for All*: a survival guide for humanity. new society Publishers, 2022.

DOCTOR, M. "Bolsonaro and the Prospects for Reform in Brazil". *In*: Political Insight 10, 2019, p. 22-25.

DRIESSEN, P., LEROY, P., VIERSSEN, W. V. E. "From climate change to social change: Perspectives on Science-Policy Interaction". *In*: *International Books*, Utrecht, 2010.

FAPESP. *Chamada de propostas*. 2023. Disponível em: **https://fapesp.br/16142/trans-atlantic-platform-t-ap-democracy-governance-and-trust-call-for-proposals-2023**.

FERES JÚNIOR, J., GAGLIARDI, J. "Populism and the media in Brazil: The case of Jair Bolsonaro". *In*: *The politics of authenticity and populist discourses:* Media and education in Brazil, India and Ukraine, 2021, p. 83-104.

FLEURY, L., MONTEIRO, M., DUARTE, T. "Brazil at COP26: Political and Scientific Disputes Under a Post-Truth Government". *In*: Engaging Science, Technology, and Society 8, 2022, p. 107-117.

FONSECA, E. M. D., NATTRASS, N., LAZARO, L. L.B., BASTOS, F. I. "Political discourse, denialism and leadership failure in Brazil's response to COVID-19". *In*: Global public health, 2021, p. 1-16.

FRICKEL, S., GIBBON, S., HOWARD, J., KEMPNER, J., OTTINGER, G., HESS, D. J. "Undone science: Charting social movement and civil society challenges to research agenda setting". *In*: *Science, Technology, & Human Values* 35, 2010, p. 444-473.

FUCHS, D., CLAPP, J. "Corporate power and global agrifood governance: Lessons learned". *In*: Corporate power in global agrifood governance, 2009, p. 285-296.

FUTURE EARTHS. *Future Earth names Amy Luers as new Executive Director*. 2017. Disponível em: **https://futureearth.org/2017/06/14/future-earth-names-amy-luers-as-new-executive-director/**.

GATTI, L. V., CUNHA, C. L., MARANI, L., CASSOL, H. L., MESSIAS, C. G., ARAI, E., DENNING, A. S., SOLER, L. S., ALMEIDA, C., SETZER, A. I"ncreased Amazon carbon emissions mainly from decline in law enforcement". *In*: Nature, 2023, p. 1-6.

GOLDING, D., KRIMSKY, S. *Social theories of risk*. Praeger, 1992.

HACKMANN, H., MOSER, S.C., CLAIR, A. L. S. "The social heart of global environmental change". *In*: *Nature Climate Change* 4, 2014, p. 653-655.

HACKMANN, H., ST. CLAIR, A. L. Transformative Cornerstones of Social Science Research for Global Change. *International Social Science Council*. 2012. Disponível em: **http://www.worldsocialscience.org/documents/transformative-cornerstones.pdf**.

HANDMER, J., DOVERS, S., "A typology of resilience: rethinking institutions for sustainable development". *In*: SCHIPPER, E. L. F., BURTON, I. (Eds.). *Earthscan*. London, 2009, p. 187-210.

HE, M., DITTO, J. C., GARDNER, L., MACHESKY, J., HASS-MITCHELL, T. N., CHEN, C., KHARE, P., SAHIN, B., FORTNER, J. D., PLATA, D. L., DROLLETTE, B. D., HAYDEN, K. L., WENTZELL, J. J. B., MITTERMEIER, R. L., LEITHEAD, A., LEE, P., DARLINGTON, A., WREN, S. N., ZHANG, J., WOLDE, M., MOUSSA, S. G., LI, S.-M., LIGGIO, J., GENTNER, D. R. "Total organic carbon measurements reveal major gaps in petrochemical emissions reporting". *In*: *Science 383*, 2024, p. 426-432.

HOGAN, D. J., TOLMASQUIM, M. T. *Human dimensions of global environmental change*: Brazilian perspectives. Academia Brasileira de Ciências, Rio de Janeiro, 2001.

HULME, M. "Meet the humanities". *In*: *Nature Climate Change* 1, 2011, p. 177-179.

INTERNATIONAL SOCIAL SCIENCE COUNCIL. *World Social Science Report 2010*: Knowledge Divides. UNESCO Publishing, Paris, 2010.

KAHAN, D. M., PETERS, E., WITTLIN, M., SLOVIC, P., OUELLETTE, L. L., BRAMAN, D., MANDEL, G. "The polarizing impact of science literacy and numeracy on perceived climate change risks". *Nature Climate Change* 2, 2012, p. 732.

KEMPNER, J., PERLIS, C. S., MERZ, J.F. "Forbidden knowledge". *In*: *Science* 307, 2005, p. 854-854.

KREIMER, P., VESSURI, H. "Latin American science, technology, and society: a historical and reflexive approach". *In*: *Tapuya*: Latin American Science, Technology and Society 1, 2018, p. 17-37.

LAHSEN, M. *"Ceding Ground to Scientific Authority? Power and Perceptions of Science in the Climate Regime"*. Global Environmental Politics Article manuscript accepted by Global Environmental Politics pending successful completion of revisions.

LAHSEN, M."Transnational locals: Brazilian experiences of the climate regime". *In*: JASANOFF, S.; LONG MARTELLO, M. (Eds.). *Earthly Politics, Worldly Knowledge*: Local and global in environmental politics. MIT Press, Cambridge, MA, 2004, p. 151-172.

LAHSEN, M. "Seductive simulations? Uncertainty distribution around climate models". *In*: *Social Studies of Science* 35, 2005, p. 895-922.

LAHSEN, M. "A science-policy interface in the global south: the politics of carbon sinks and science in Brazil". *In*: *Climatic Change* 97, 2009b, p. 339-372.

LAHSEN, M. "Anatomy of Dissent: A Cultural Analysis of Climate Skepticism". *In*: *American Behavioral Scientist* 57, 2013a, p. 732-753.

LAHSEN, M. "Climategate: the role of the social sciences". *In*: *Climatic Change* 119, 2013b, p. 547-558.

LAHSEN, M. "Toward a Sustainable Future Earth Challenges for a Research Agenda". *In*: *Science, Technology & Human Values* 41, 2016, p. 876-898.

LAHSEN, M. "Should AI be Designed to Save Us From Ourselves?: Artificial Intelligence for Sustainability". *In*: *IEEE Technology and Society Magazine* 39, 2020, p. 60-67.

LAHSEN, M. "Steering Signification". *In*: *Global Sustainability*, 2024.

LAHSEN, M. "Media Reform as Transformation Tool: A Hegemonic Gap in Environmental Research and Policy". *In*: *International Journal of Politics, Culture, and Society*. (Forthcoming).

LAHSEN, M., DE AZEVEDO COUTO, G., LORENZONI, I. "When climate change is not blamed: the politics of disaster attribution in international perspective". *In*: *Climatic Change* 158, 2020, p. 213-233.

LAHSEN, M., TURNHOUT, E. "How Norms, Needs, and Power in Science Obstruct Transformations Towards Sustainability". *In*: *Environmental Research Letters* 16, 025008, 2021.

LAKOFF, G. "Why it Matters How We Frame the Environment". *In*: *Environmental Communication* 4, 2010, p. 70-81.

LAYRARGUES, P. P. "Antiecologismo no Brasil: reflexões ecopolíticas sobre o modelo de desenvolvimentismo-extrativista-predatório e a desregulação ambiental pública". *In*: *Cidadania Meio Ambiente e Sustentabilidade*, 2017, p. 325-356.

LAYRARGUES, P. P. "Quando os ecologistas incomodam: a desregulacao ambiental publica no Brasil sob o signo do Anti-ecologismo". *In*: *RP3 — Revista Pesquisa em Politicas Publicas* 12, 2018, p. 1-30.

LEACH, M. "Sustainability and equity: Reflecting on the interactions". *In*: US National Academy of Sciences (Ed.), *Sustainability Science Workshop*, 2020. Disponível em: **https://vimeo.com/showcase/7902048**.

LEACH, M., RAWORTH, K., ROCKSTRÖM, J. "Between social and planetary boundaries: Navigating pathways in the safe and just space for humanity". *In*: *World Social Science Report 2013*:changing global environments. ISSC/UNESCO (ed.), (pp. 84–89). Paris: OECD Publishing and UNESCO Publishing, 2013.

LEACH, M., REYERS, B., BAI, X., BRONDIZIO, E. S., COOK, C., DÍAZ, S., ESPINDOLA, G., SCOBIE, M., STAFFORD-SMITH, M., SUBRAMANIAN, S. M. "Equity and sustainability in the Anthropocene: a social–ecological systems perspective on their intertwined futures". *In*: *Global Sustainability* 1, 2018.

LOUREIRO, C. F. B., LAYRARGUES, P. P. "Ecologia política, justiça e educação ambiental crítica: perspectivas de aliança contra-hegemônica". *In*: *Trabalho, educação e saúde* 11, 2013, p. 53-71.

MACNAGHTEN, P. "The Making of Responsible Innovation". *In*: *Cambridge University Press,* Cambridge, 2020a.

MACNAGHTEN, P. "Towards an anticipatory public engagement methodology: deliberative experiments in the assembly of possible worlds using focus groups". *In*: *Qualitative research,* 1468794120919096, 2020b.

MATOS, C. "Media democratization in Brazil revisited". *In*: PIETERSE, J. N., CARDOSO, A. (Eds.), *Brazil Emerging*: Inequality and Emancipation. Routledge, 2014, p. 155-170.

MERCIER, H., SPERBER, D. *The enigma of reason*. Harvard University Press, 2017.

MESSERLI, P., MURNININGTYAS, E., ELOUNDOU-ENYEGUE, P., FOLI, E. G., FURMAN, E., GLASSMAN, A., HERNÁNDEZ LICONA, G., KIM, E. M., LUTZ, W., MOATTI, J.-P. *Global sustainable development report 2019*: the future is now–science for achieving sustainable development. 2019.

MEYFROIDT, P., BÖRNER, J., GARRETT, R., GARDNER, T., GODAR, J., KIS-KATOS, K., SOARES-FILHO, B. S., WUNDER, S. "Focus on leakage and spillovers: informing land-use governance in a tele-coupled world". *In*: *Environmental Research Letters* 15, 090202, 2020.

MEYFROIDT, P., DE BREMOND, A., RYAN, C. M., ARCHER, E., ASPINALL, R., CHHABRA, A., CAMARA, G., CORBERA, E., DEFRIES, R., DÍAZ, S. "Ten facts about land systems for Sustainability". *In*: *Proceedings of the National Academy of Sciences* 119, e2109217118, 2022.

MIER, B., PITTS, B., SWART, K., IORIS, R. R., MITCHELL, S. T. "Anticorruption and Imperialist Blind Spots: The Role of the United States in Brazil's Long Coup". *In*: *Latin American Perspectives,* 0094582X231213614, 2023.

NEWELL, P. "The elephant in the room: Capitalism and global environmental change". *In*: *Global Environmental Change* 21, 2011, p. 4-6.

O'BRIEN, K. "Global environmental change II: from adaptation to deliberate transformation". *Progress in Human Geography* 36, 2012, p. 667-676.

OVERLAND, I., SOVACOOL, B.K. "The misallocation of climate research funding". *In*: *Energy Research & Social Science* 62, 101349, 2020.

PAINTER, J. *Poles apart*. Reuters Institute for the Study of Journalism Oxford, 2011.

PAINTER, J., ASHE, T. "Cross-national comparison of the presence of climate scepticism in the print media in six countries, 2007–10". *In*: *Environmental Research Letters* 7, 044005, 2012.

PALSSON, G., SZERSZYNSKI, B., SÖRLIN, S., MARKS, J., AVRIL, B., CRUMLEY, C., HACKMANN, H., HOLM, P., INGRAM, J., KIRMAN, A. "Reconceptualizing the 'Anthropos' in the Anthropocene: Integrating the social sciences and humanities in global environmental change research." *In*: *Environmental Science & Policy* 28, 2013, p. 3-13.

PARK, J., CONCA, K., FINGER, M. *The crisis of global environmental governance*: towards a new political economy of sustainability. Routledge, 2008.

PASQUALE, F. *The black box society*. Harvard University Press, 2015.

PETERSEN, A. C., CATH, A., HAGE, M., KUNSELER, E., VAN DER SLUIJS, J. P. "Post-normal science in practice at the Netherlands Environmental Assessment Agency". *In*: *Science, Technology & Human Values*, 0162243910385797, 2010.

PICKERING, J., HICKMANN, T., BÄCKSTRAND, K., KALFAGIANNI, A., BLOOMFIELD, M., MERT, A., RANSAN-COOPER, H., LO, A.Y. "Democratising sustainability transformations: Assessing the transformative potential of democratic practices in environmental Governance". *In*: *Earth System Governance* 11, 100131, 2022.

PIELKE JR, R., RITCHIE, J. "Distorting the view of our climate future: The misuse and abuse of climate pathways and scenarios". *In*: *Energy Research & Social* Science 72, 101890, 2021a.

PIELKE JR, R., RITCHIE, J. "How climate scenarios lost touch with reality". *In*: *Issues in Science and Technology* 37, 2021b, p. 74-83.

POGGE, T.W. "Poverty, climate change, and overpopulation". *In*: *The Georgia Journal of International and Comparative Law* 38, 2010, p. 525-542.

PORTER, T. *Trust in Numbers*. Princeton University, Princeton, NJ, 1995.

PROCTOR, R. N., SCHIEBINGER, L. *Agnotology*: The making and unmaking of ignorance, 2008.

RAJÃO, R., NOBRE, A. D., CUNHA, E. L., DUARTE, T. R., MARCOLINO, C., SOARES-FILHO, B., SPAROVEK, G., RODRIGUES, R. R., VALERA, C., BUSTAMANTE, M. "The risk of fake controversies for Brazilian environmental policies". *In*: *Biological conservation* 266, 109447, 2022.

RATTNER, Henrique. Science and Technology om the Threshold of the New Century. *In*: *Human Dimensions of Global Environmental Change:* Brazilian Perspectives, edited by Daniel J. Hogan & Maurício T. Tolmasquim. Rio de Janeiro: Academia Brasileira de Ciências, 2001, pp. 193-214. Disponível em: **https://www.abc.org.br/wp-content/uploads/2025/03/Livro-Human-Dimensions-of-Global-Environmental-Change-Brazilian-Perspectives.pdf**.

RAYNER, S. We know enough. *The Guardian*, 2 de setembro de 2022. Disponível em: **https://www.theguardian.com/environment/2002/sep/02/science.research.**

RAYNER, S., SAREWITZ, D. "Policymaking in the post-truth world". *In*: *Breakthrough Journal* 13, 2021. Disponível em: **https://thebreakthrough.org/journal/no-13-winter-2021/policy-making-in-the-post-truth-world.**

REGAN, K. "A role for dialogue in communication about climate change". *In*: *Creating a climate for change*: Communicating climate change and facilitating social change, 2007, p. 213-222.

REID, W. V., BRÉCHIGNAC, C., LEE, Y. T. "Earth system research priorities". *In*: *Science* 325, 2009, p. 245.

ROCHA, C., SOLANO, E., MEDEIROS, J. *Bolsonaro Paradox*. Springer, 2021.

ROGERS, D. S., DURAIAPPAH, A. K., ANTONS, D. C., MUNOZ, P., BAI, X., FRAGKIAS, M., GUTSCHER, H. "A vision for human well-being: transition to social Sustainability". *In*: *Current Opinion in Environmental Sustainability* 4, 2012. p. 61-73.

SALMI, F., FLEURY, L. C. "Mudanças Climáticas e Ciências Sociais: análise bibliométrica do campo (2011-2021)". *In*: *BIB-Revista Brasileira de Informação Bibliográfica em Ciências Sociais* 1, 2022, p. 1-19.

SAREWITZ, D. "Science and environmental policy: An excess of objectivity". *In*: FRODEMAN, R. E. (Ed.) *Earth matters*: The earth sciences, philosophy, and the claims of community. Prentice Hall, Upper Saddle River, NJ, 2000, p. 79-98.

SAREWITZ, D., PIELKE JR, R. "Breaking the global-warming gridlock." *In*: The Atlantic Monthly, 2000, p. 55-64.

SAREWITZ, D., PIELKE JR, R. A., BYERLY, R. *Prediction*: Science, decision making, and the future of nature. Island Press, Washington, D.C., 2000.

STERMAN, J. D. "Policy Forum: Risk communication on climate change: Mental models and mass balance". *In*: *Science* 322, 2008, p. 532-533.

STIGLITZ, J. E., GREENWALD, B. C. *Creating a learning society*: A new approach to growth, development, and social progress. Columbia University Press, 2014.

STIRLING, A. "Power, truth and progress: towards knowledge democracies in Europe". *In*: WILSDON, J., DOUBLEDAY, R. (Eds.) *Future Directions For Scientific Advice In Europe*, 2015.

STIRLING, A. "How deep is incumbency? A 'configuring fields' approach to redistributing and reorienting power in socio-material change". *In*: *Energy Research & Social* Science 58, 101239, 2019.

TURNHOUT, E., LAHSEN, M. "Transforming environmental research to avoid tragedy". *In*: *Climate and Development* 14, 2022, p. 834-838.

VAN DER SLUIJS, J. "Uncertainty as a monster in the science–policy interface: Four coping strategies". *In*: *Water science and technology* 52, 2005, p. 87-92.

VAN DER SLUIJS, J., VAN, E., SHACKLEY, S., WYNNE, B. "Anchoring Devices in Science for Policy: The case of consensus around climate sensitivity". *In*: *Social Studies of Science* 28, 1998, p. 291-323.

VAN DIJK, T.A. "How globo media manipulated the impeachment of Brazilian president Dilma Rousseff". *In*: *Discourse & Communication* 11, 2017, 199-229.

WALKER, B., BARRETT, S., POLASKY, S., GALAZ, V., FOLKE, C. F., ENGSTRÖM, G., ACKERMAN, F., ARROW, K., CARPENTER, S., CHOPRA, K., DAILY, G., EHRLICH, P., HUGHES, T., KAUTSKY, N., LEVIN, S., M. LER, K.-G. R., SHOGREN, J., VINCENT, J., XEPAPADEAS, T., ZEEUW, A. D. "Looming Global-Scale Failures and Missing Institutions". *In*: *Science* 325, 2009, p. 1345-1346.

ZUBOFF, S. *The age of surveillance capitalism*: The fight for a human future at the new frontier of power. PublicAffairs, 2019.

ZUBOFF, S. *The Coup We Are Not Talking About:* We can have democracy, or we can have a surveillance society, but we cannot have both. The New York Times, 29 de janeiro de 2021. Disponível em: **https://www.nytimes.com/2021/01/29/opinion/sunday/facebook-surveillance-society-technology.html.**

PARTE 2

EMERGÊNCIA CLIMÁTICA, TRANSIÇÕES ECOLÓGICO--SOCIAIS E POLÍTICAS PÚBLICAS

MUDANÇAS CLIMÁTICAS: ENTRE POLITIZAÇÃO E DESPOLITIZAÇÃO

Henri Acselrad

Introdução

A literatura das ciências sociais aplicadas ao meio ambiente sugere que as mudanças climáticas têm sido tratadas, por instituições governamentais e multilaterais, por medidas fracamente inscritas no campo político. A discussão sobre mudança climática estaria apontando preferencialmente para soluções de proficiência técnica, eficiência energética e tecnologias verdes, apoiando-se em abordagens pragmáticas, centradas no mercado de carbono e em mecanismos de compensação (Dahan, 2008). A esse propósito, um dos autores do tópico sobre desregulação climática e migrações internacionais do relatório do Painel Internacional das Mudanças Climáticas (IPCC) alertou: "os trabalhos científicos demonstram cada vez mais claramente que as questões de justiça social, de migração, de desenvolvimento e de conflitos estão estreitamente entrelaçadas com a mudança climática e que as ciências sociais devem ser maciçamente mobilizadas para estes assuntos". "São problemáticas eminentemente políticas" — completou ele — "que os climatologistas não podem prever com seus modelos matemáticos e que os tomadores de decisão não querem que sejam abordadas nos estudos do IPCC" (Gemenne, 2022). A politização da questão climática dependeria, pois, em algum nível, da capacidade de os agentes sociais envolvidos em sua discussão desenvolverem uma sensibilidade política a respeito de seu tratamento. O que o presente texto pretende discutir são os sentidos desta limitada sensibilidade e da frágil incorporação dos assuntos do clima ao campo da política. Buscaremos, para tanto, a) explorar as possibilidades de uma análise articulada entre duas questões que são correntemente tratadas em separado — aquelas relativas, por um lado, à politização de questões sociais antes ausentes da esfera política, como é o caso do meio ambiente e, por outro, da politização dos próprios atores sociais; e b) considerar o modo como forças sociais e contextos podem concorrer tanto para a politização como para a despolitização de problemas sociais, conforme discutiremos no presente caso do clima. Pretendemos assim sustentar serem reduzidas as possibilidades de que instâncias governamentais e grandes interesses econômicos deem densidade política ao enfrentamento do aquecimento global, sem que atores sociais externos ao campo do poder, não apenas cientistas, mas aqueles que expressam a perspectiva dos grupos sociais e étnicos mais atingidos, sejam efetivamente envolvidos no debate.

A produção social dos problemas e dos sujeitos da política

Entenderemos aqui por politização o processo social de produção da política, de suas pautas, suas regras de operação, mecanismos de alocação de poder de deliberação e decisão. Há duas acepções e campos problemáticos correntemente cobertos pela noção de politização, ora reportados a fenômenos e problemas, ora, a agentes sociais e indivíduos. Estes processos compreendem, entretanto, de forma articulada, tanto a produção social de novos sentidos — agora, políticos — a fenômenos já conhecidos ou construídos de forma inovativa, como a constituição social — e política — dos próprios agentes com eles envolvidos. A politização designa, assim, o processo pelo qual certos fenômenos são dotados de significado político, tornando-se suscetíveis de serem objeto da ação de poderes públicos e, também, dos agentes que se veem mobilizados para, sobre esse mesmo objeto, buscar intervir. Os fatos não sendo políticos em si, são diversos os tipos de questões que podem ser politizadas pelo trabalho de problematização desenvolvido pelos sujeitos. Tal tipo de trabalho pode consistir tanto na publicização de questões até então circunscritas aos espaços privados e desconsiderados pela esfera pública ou, alternativamente, na qualificação, desde sua própria origem, de certas questões como sendo dotadas de interesse público, como é o caso do meio ambiente.

A ideia de esfera pública — objeto, em regimes autoritários, de restrições por meio de ações repressivas — tende a ser evocada como uma noção geral e reguladora das condições de realização de um debate público entendido como relativamente livre. Essa noção é utilizada, com frequência, com a finalidade de descrever diferentes modalidades e instâncias de conversas e interações (Fabiani, 2014). Os espaços discursivos que ela supõe são sempre construídos através de ações políticas de caráter inventivo, manifestações tanto de corpos como de palavras que, no processo de produção social da política, podem apresentar caráter inovador e transgressivo se avaliados na perspectiva gramatical do campo político preexistente. Essa noção veio sendo usada para recobrir diferentes tipos de redes, de relações e fóruns emergentes no seio dos quais se exprimem pontos de vista e crenças a respeito do mundo, em condições de litígio sobre o objeto do litígio, sobre a existência de litígio e sobre as partes que nele se defrontam (Castoriadis, 1975). A transparência do *modus operandi* desses fóruns, a visibilidade dos atores sociais que neles intervêm, a legibilidade dos discursos que neles circulam e a credibilidade a respeito dos termos em que os litígios são formulados são condições básicas para o exercício da política. Questões que põem em pauta a ordem da vida em comum costumam, assim, dizer respeito aos sentidos e aos usos da palavra, ao funcionamento da discussão e à definição sobre quem nela se inclui ou dela é excluído. A politização da questão climática, a propósito, tem sido apresentada, com frequência, como um processo relativamente truncado, à medida em que a ciência nela adquiriu papel preponderante, deixando em suspenso o indispensável debate político que, acredita-se, deveria ser aberto, de forma mais ampla, a todas as instâncias interessadas (Sarewitz, 2012).

Num documento redigido no exílio, em 1972, Herbet de Souza, o Betinho, assim discutia as dificuldades da ação política em condições de clandestinidade:

> Ao se restringirem as possibilidades de viver direta e amplamente as situações onde as lutas, as reivindicações, a prática social se manifestavam, operou-se um distanciamento, às vezes até um desligamento da sociedade enquanto objeto de conhecimento, daí originando-se situações de refração, de distorção onde aparecem 'substitutos' dessa realidade (Souza, 1972, p. 2).

Isolamento e dessintonia foram imagens frequentemente mencionadas para descrever, no Brasil, a dificuldade de a militância contra a ditadura fazer "a realidade política aparecer" ou torná-la transparente, permitindo à sociedade entrar na "cena política real" (Souza, 1972, p. 2). Essas imagens procuravam exprimir a perda de sentido do real por parte dos militantes: "faltava a realidade, faltava a política"; "a realidade política desapareceu" (Souza, 1972, p. 2). Hannah Arendt (1958, p. 199) já assinalara como ser privado da liberdade de expressão e de meios de discussão significa "ser privado da realidade" pelos expedientes autoritários de despolitização da sociedade e de suas questões. Um primeiro modo de 'privar a sociedade de realidade', é, pois, nos termos de Souza e Arendt, o silenciamento da crítica pelo exercício da violência repressiva e da disseminação do medo.

Um segundo modo de 'privação de realidade' veio à tona, por sua vez, com a emergência do neofascismo contemporâneo. Com ele, o próprio recurso à palavra é implodido por dentro, subordinando-se à lógica da violência, expediente já conhecido em experiências autoritárias anteriores, ainda que, naquelas circunstâncias, em complementação e associação com modos de dominação pelo terror. Nas primeiras décadas do século XXI, a desinformação sistemática virou uma estratégia de ação de per si, incrustrada no interior mesmo de sistemas formalmente democráticos. Nesses contextos, a antipolítica neofascista buscou apoiar suas ações em estratégias de falseamento de informações, mascaramento de dados, desqualificação de evidências e sistematização da desinformação. A ciência, por exemplo, campo por excelência da dúvida, da lógica e da comprovação empírica, tornou-se objeto de menosprezo e negação. O negacionismo com relação aos fatos da ciência — inclusive nos campos ambiental e climático —, assim como o anti-intelectualismo hostil ao espírito crítico, confiscaram a língua; as palavras, em lugar de serem portadoras da comunicação do espírito, passaram a conduzir ameaça e falsidade, integrando assertivas que se anulam mutuamente ou que evocam lógicas que refutam a lógica (Orwell, 1998).

Um terceiro mecanismo de despolitização veio sendo, por sua vez, apontado, com frequência, ao longo do debate crítico sobre os processos de neoliberalização das economias e suas implicações políticas. Em lugar da antipolítica repressiva, exercida durante regimes de exceção, entraram em ação, a partir dos anos 1980, os mecanismos de uma antipolítica de mercado. Através da chamada 'governança' neoliberal, emergiu o que Bourdieu (2001) designou por 'políticas de despolitização', ações que procuram enfraquecer a ideia da política como modo de exercício da inteligência coletiva na busca da superação das desigualdades. A essa nova configuração da política,

Rancière (1996) chamou de 'pós-democracia consensual', caracterizada pelo encobrimento dos litígios, pelo 'desaparecimento da política' e a designação de certos segmentos sociais como aptos a negociar com o Estado na condição de 'parceiros'. Uma estabilidade aparente, fundada em consensos simbólicos, tornou-se elemento-chave das agendas de atração de investimentos internacionais. A necessidade de oferecer vantagens para os capitais internacionais — consenso social, segurança patrimonial, sustentabilidade ecológica — passou a justificar que todos os projetos políticos em disputa, nos diferentes espaços sociais, se anulassem em favor de uma competição interlocal ou interurbana.

Tal tipo de competição é, para autores como David Harvey (1995), própria à nova geografia histórica do capitalismo, portadora de uma reviravolta na correlação de forças entre os detentores do capital e demais atores sociais. Teria se dado uma espécie de reversão das condições da competição intercapitalista, não mais o capital buscando vantagens locacionais, mas, sim, as localidades oferecendo vantagens 'competitivas' para atrair investimentos internacionais. Os diferentes Estados nacionais e poderes locais teriam passado, assim, a competir entre si pela atração de capitais, oferecendo vantagens fundiárias, fiscais e regulatórias, flexibilizando leis, normas urbanísticas e ambientais. Consequentemente, a competição econômica não se estaria dando somente pelos atributos virtuosos da eficiência, mas também por expedientes espúrios como os do trabalho precário, sub-remunerado e fracamente protegido. Mas essa competição também passou a ocorrer por meio de licenciamentos ambientais ditos ágeis e desburocratizados, o que implicou em tornar disponíveis espaços a poluir ou áreas urbanas a gentrificar — como nos casos de remoção de moradores de baixa renda para a valorização especulativa do solo e dos imóveis urbanos. O mesmo teria ocorrido com revisões normativas — como a que atingiu o Código Florestal brasileiro —, através das quais o agronegócio transnacionalizado pôde obter condições para expandir suas monoculturas em áreas de fronteira, deixando povos indígenas, quilombolas e comunidades camponesas mais expostos a processos de expropriação. Nesse novo contexto, passou a caber ao Estado reformado o estabelecimento de um 'código de circulação' dos capitais — expressão que foi usada por Walter Lippman no Colóquio de Paris, em 1938, para definir o papel do que deveria ser um Estado neoliberal, no contexto de uma revisão das bases então supostamente ameaçadas do liberalismo (Laval; Dardot, 2013). Otimizar as condições políticas da rentabilização dos capitais em nível internacional — esta foi a norma que fundou o 'código de circulação' promovido pelos Estados neoliberais reformados.

O economista polonês Michal Kalecki (1977) já havia caracterizado, nos anos 1940, as razões pelas quais o estado de *laissez-faire* é o preferido do empresariado: por meio da retração ou relocalização de seus próprios investimentos, os empresários podem gerar desemprego e disciplinar os trabalhadores. E, para impor suas regras aos governos, manejam o 'clima dos negócios', seu 'estado de confiança', acenando com o risco de ocorrência de instabilidade social para constranger os governantes a adotar políticas que os favoreçam. Com as reformas neoliberais, as grandes corporações tornaram-se, assim, quase sujeitos das políticas governamentais, pressionando pela flexibilização de regulações políticas e impondo as condições — inclusive de desregulação ambiental — mais desejáveis para a realização de seus negócios.

Ao período em que, nos anos 1970, no Brasil como em outros países latino-americanos, a política foi fortemente constrangida pela violência da ação repressiva, seguiu-se uma conjuntura em que a política passou a ser esvaziada pelo poder excepcional adquirido pelos capitais em detrimento dos demais atores. Esse poder reside na possibilidade de as corporações ameaçarem a retirada de investimentos de espaços onde vigora maior respeito a direitos e regulações para os relocalizarem em áreas onde esses direitos e normas se encontrem menos assegurados. Por meio dessa 'chantagem locacional' exercida sobre as regulações, as grandes corporações colocaram, por um lado, todos os trabalhadores do mundo em competição, favorecendo, com a criação de empregos, aqueles — menos organizados e menos protegidos por leis — que aceitem menores salários e menos direitos. O mesmo ocorreu, simultaneamente, no que diz respeito às normas ambientais e urbanísticas, aquelas que deveriam estabelecer limites aos impactos ambientais destrutivos de grandes projetos — inclusive os que acirram o aquecimento global e aumentam a frequência de desastres climáticos — sobre o espaço de vida de grupos étnicos e de baixa renda, assim como de moradores das periferias vulnerabilizadas das cidades. Uma espécie de *dumping* socioecológico passou a vigorar, na passagem ao século XXI, como fator subjacente de redução da efetividade dos processos de 'ambientalização' dos Estados nacionais que haviam se iniciado nos anos 1970, sob o estímulo da Conferência de Estocolmo sobre Meio Ambiente Humano. O próprio agravamento do aquecimento global veio se associando concretamente e, como veremos mais adiante, logicamente, a um aumento das desigualdades ambientais resultantes das referidas políticas de neoliberalização das economias.

A ambientalização da política

Propomo-nos, no presente texto, a tratar articuladamente os processos de politização ou despolitização de questões e de sujeitos sociais, com foco na temática do meio ambiente e das mudanças climáticas. Pretendemos, assim, escapar ao risco de, ao tratar em separado os processos de politização da questão ambiental e dos sujeitos nela envolvidos, tomar a noção de meio ambiente como dada e os diferentes sujeitos envolvidos no debate ambiental como subordinados a um sentido hegemônico a ela atribuído. A esse propósito, o recurso à noção de 'ambientalização' (Buttel,1992; Leite Lopes, 2004), que designa os processos de reconfiguração de sujeitos, de discursos e de ações frente à temática ambiental, mostra-se um passo necessário. Ao designar o modo como atores sociais e instituições se inserem no debate ambiental, essa noção abre a possibilidade de se entender processos de ambientalização que são específicos a atores, lugares, contextos e momentos históricos. Pois é por meio de tais processos que novos fenômenos — como os relativos a mudanças climáticas e perda de biodiversidade — foram construídos e expostos à esfera pública, assim como velhos fenômenos — como os da poluição atmosférica e dos déficits de saneamento — foram renomeados como 'ambientais'. Um processo de unificação semântica veio, por fim, englobá-los sob a chancela da 'proteção ao meio ambiente', ainda que o entendimento e a ação no âmbito desta causa, possam ser — e foram — entendidos de formas muito diversas.

A noção de ambientalização da política, em particular, nos abre a possibilidade de considerar a politização da questão ambiental como dimensão problemática levada à esfera pública e, ao mesmo tempo, a diversidade de estratégias pelas quais os sujeitos se inscrevem no debate ambiental, politizando ou despolitizando tal questão. No primeiro caso, o envolvimento dos agentes pressupõe o entendimento de que disputas de legitimidade emergem entre diferentes práticas de apropriação dos recursos dos territórios; e também que, ao longo destas disputas, são evocados o caráter ambientalmente danoso ou benigno das práticas, tanto por seus efeitos sobre a estabilidade ecológica da sociedade em geral, como sobre as condições específicas de exercício das práticas espaciais de terceiros[1]. No segundo caso, de uma perspectiva despolitizante, certos atores e instituições se inscrevem no debate ecológico supondo ser a proteção do meio ambiente uma causa alheia ao campo político, voltada para "valores

1. Entendemos aqui práticas espaciais no sentido de David Harvey, como aquelas referidas aos "fluxos, transferências e interações físicas e materiais que concorrem no e ao longo do espaço de maneira a garantir a produção e a reprodução social" (Harvey, 1992, p. 201

universais, que ultrapassam as fronteiras de classe, raça, idade e sexo" (Silva-Sanchez, 2000, p. 50-52).

Fato é que quando certos atores questionam os padrões técnicos e locacionais de apropriação do território e seus recursos, alegando que certas práticas espaciais comprometem as condições ecológicas de realização das práticas de terceiros, eles contribuem para introduzir o meio ambiente no campo político. Essa politização pode passar, também, por questionamentos sobre os fins para os quais os homens se apropriam dos recursos do planeta; ou pelo entendimento que o meio ambiente é múltiplo em atributos socioculturais, sendo distintas as significações e lógicas de uso, eventualmente incompatíveis, do ar, das águas e dos sistemas vivos. A questão ambiental é politizada, igualmente, quando os riscos ambientais são percebidos sob distintos níveis de aceitabilidade e vistos como desigualmente distribuídos; a poluição, por exemplo, não seria, dessa perspectiva, considerada 'democrática', por poder afetar de forma variável os diferentes grupos sociais. O ambiente é, assim, integrado numa cultura dos direitos, já que, para além da menção a um conflito intergeracional, emergem conflitos ambientais protagonizados por sujeitos presentes a reivindicar direitos a uma proteção ambiental igual para todos.

Por outro lado, há atores sociais e instituições que, ao contrário, atribuem caráter universal e consensual à questão ambiental, considerando que todos os sujeitos são igualmente afetados por agravos ao meio ambiente e que conflitos poderiam ocorrer de forma apenas residual, em razão da falta eventual de consciência por parte de determinados sujeitos. O ambientalismo, nessa perspectiva, é definido como uma "preocupação pública com a deterioração ambiental" (Viola; Leis, 1992, p. 2) — uma causa sem conflito passível de afligir diferentes estratos do mundo social — o Estado, as Igrejas, as empresas, trabalhadores, ocorrendo eventualmente oposição entre 'consciência' e 'prática' e não entre interesses e projetos no interior da sociedade. "Com sua visão ecológica do mundo", afirmam representantes dessa perspectiva, "os agentes do ambientalismo seriam, potencialmente, todos os cidadãos do planeta, todos aqueles que se sensibilizam e que de alguma forma adquirem uma 'consciência' em relação à crise ambiental e à necessidade de reverter o processo de devastação da biosfera". E concluem: "o nosso conflito principal está se dando entre o homem e a natureza e não entre os homens" (Crespo, 1995, p. 6), devendo-se atribuir ao enfrentamento da questão um caráter basicamente cooperativo e não conflituoso.

Foi ao longo dos anos 1970 que processos de ambientalização dos Estados nacionais foram se configurando em reação às críticas dirigidas às dimensões ambientais dos padrões do desenvolvimento capitalista configurado no pós-II Guerra. A literatura corrente sobre políticas ambientais caracteriza tais processos como aqueles em que poderes públicos passaram a adotar ações de restrição circunstancial da prevalência de interesses econômicos em nome de razões ambientais. Assim é que a montagem das agências ambientais implicou, em muitos casos, a adoção de estratégias de prevenção da captura dos governos pelos interesses a serem regulados, buscando contrabalançar o peso de demais agências de governo mais tradicionalmente vinculadas a interesses econômicos empresariais (Rosenbaum, 1995). A entrada da questão ambiental nas agendas governamentais resultou, assim, ao mesmo tempo, da tradução de determinadas reivindicações de proteção do meio ambiente em termos de política pública e da redefinição de modalidades conhecidas de ação pública de modo a fazê-las incidir sobre este novo domínio. Para a constituição desses processos de ambientalização dos Estados nacionais, alguns autores dão destaque ao papel das pressões sociais provenientes dos espaços públicos domésticos (Nanda, 1983; Thomas, 1992), enquanto outros destacam a prevalência de influências externas provindas da esfera internacional, via processos de homogeneização cultural e isomorfismo organizacional (Frank; Hironaka; Schofer, 2000); outros ainda preferem considerar que, no âmbito do meio ambiente, a economia mundial, o sistema internacional de Estados e os Estados nacionais individuais se reconfiguraram interativamente (McMichael, 1990).

Fato é que, após a configuração de instâncias de regulação do meio ambiente no interior das máquinas estatais, processos de despolitização da questão ambiental — ou seja, de forte restrição do campo da ação politica sobre as implicações ambientais das práticas espaciais — foram sendo desencadeados por meio de pressões por flexibilização de normas em nome da competitividade das economias, mas também pela própria desmontagem de instituições de controle ambiental operada, por exemplo, por forças como as que conduziram o governo brasileiro entre 2019 e 2022. Ações desse tipo implicaram tanto em esvaziar a capacidade de atuação dos órgãos ambientais, como aquela dos mediadores que tentavam fazer ecoar as demandas sociais dentro da máquina pública. Se, como se sabe, políticas ambientais visam integrar critérios qualitativos de novo tipo nas políticas pré-existentes relativas a demais áreas da ação governamental, como as de infraestrutura, minas e energia, políticas industriais e agrícolas (Lascoummes, 1994), a desmontagem das instituições de regulação implicou em desinibir os impulsos dos agentes calculistas racionais para que pudessem usar, em seu benefício, os bens coletivos ambientais, sem contribuir para eliminar os males causados por suas práticas (De Geus, 1996). Governos negacionistas, portanto, ao mesmo tempo em que se mostraram empenhados em interromper procedimentos estabelecidos de intervenção e aplicação das normas instituídas, buscaram desconstruir os quadros de referência que haviam servido à ambientalização das ações governamentais, desconsiderando, assim, as implicações da desregulação como fator de agravamento das desigualdades ambientais e do desrespeito à diversidade cultural. No caso brasileiro, isso implicou, por exemplo, em fazer convergir políticas (anti)indigenistas e (anti)ambientais, de modo a facilitar, como foi o caso emblemático da Instrução Normativa Conjunta nº 1 da FUNAI e do IBAMA, publicada em 24/2/2021, a incorporação das terras indígenas aos negócios agrominerários (DOU 21/2/20121).

A desmontagem das agências públicas de controle ambiental, ao mesmo tempo em que serviu ao propósito de desqualificar o meio ambiente como problema público, facilitou a captura regulatória do governo pelos interesses a serem por ele regulados, abrindo espaço para a linguagem da autorregularão empresarial e da modernização ecológica das grandes corporações. As estratégias de ambientalização das corporações convergiu, assim, com os referidos processos de despolitização, tornando corrente o recurso empresarial a propósitos como os de que a degradação ambiental é calculável e compensável, que a proteção ambiental é um jogo de soma positiva, que a prevenção da degradação pode dar lucro, que o problema ambiental é da ordem da gestão e não do conflito, reconfigurando uma gramática que permite ajustar o meio ambiente à desregulação neoliberal (Hajer, 1997).

Politização ou despolitização do clima: hibridação com lutas de povos tradicionais versus modernização climatológica do capitalismo

"Cisão com relação à realidade", eis a expressão utilizada por alguns autores para descrever "a disjunção fundamental entre a governança climática — as instituições mundiais criadas para remediar a mudança climática — e um leque de processos que favorecem o aquecimento planetário como a mundialização do modo de vida ocidental, a exploração excessiva dos recursos em combustíveis fósseis, a ferocidade da competição econômica e a remilitarização das relações internacionais" (Aykut, 2018, p. 504). Essa percepção faz ecoar aquela noção de 'privação de realidade' acima mencionada, vista como um sintoma de despolitização apontado tanto por Hannah Arendt como por Herbet de Souza como próprio a contextos autoritários. O negacionismo climático seria também uma forma de privação de realidade, mas de modalidade distinta, configurada por meio do mascaramento de dados, da desqualificação de evidências e da sistematização da desinformação.

Só que antes mesmo de ser introduzido na agenda política internacional e de ser objeto de estratégias negacionistas, o clima já havia sido dotado de substantiva 'realidade' no campo específico da geopolítica da guerra fria. Foi a partir do pós-II Guerra que motivações militares justificaram a busca de conhecimento sobre o clima[2], notadamente quando os EUA começaram a subvencionar estudos para o controle estratégico de variáveis climáticas, o desencadeamento de chuvas e o desvio de furacões (Dahan; Guillemot, 2006). Com a criação do IPCC em 1988, a questão climática começou a ganhar novos sentidos, para além daquele adotado no campo militar *stricto senso*, embora neste mesmo ano, na Conferência Mundial sobre Mudanças Atmosféricas, em Toronto, as alterações climáticas continuassem a ser entendidas como "ameaça à segurança internacional" (World Meteorological Organization, não paginado).

As mudanças climáticas passaram, assim, a partir dos anos 1980, a integrar o debate ambiental mais amplo, tanto em função da maior articulação entre diferentes campos científicos engajados em dar repercussão a suas descobertas, como pelo crescente espaço ocupado pela crítica ambientalista que buscava integrar os diferentes impactos das práticas tidas por degradantes como partes de um processo global de crise ambiental. O clima começou, assim, a ser 'ambientalizado', ainda que a ecologia, em sentido mais amplo, continuasse a ser vinculada à retórica da segurança internacional por via das articulações entre o poder geostratégico dos EUA e suas corporações, no contexto de neoliberalização das economias. Foi no final da Guerra Fria, que a

---

2. No início de 1958, durante o Ano Geofísico Internacional, apenas alguns meses depois que os soviéticos lançaram o satélite Sputnik, o apoio à ciência e tecnologia norte-americana tornou-se uma questão nacional importante e um ponto de ataque para os congressistas democratas. Então, o capitão reformado da Marinha, Howard T. Orville, enumerou as possibilidades de militarizar o controle do clima no contexto da Guerra Fria em uma audiência ampla sobre as pesquisas da modificação do clima (Orville, 2017).

retórica da 'segurança ecológica'[3] emergiu, em paralelo à criação de departamentos de inteligência ambiental em embaixadas dos EUA e em grandes corporações transnacionais com o fim de, nos termos de um diretor da CIA, em 1996, conceder às empresas dos EUA uma margem de vantagem contra seus competidores (Hartmann, 1999).

Assim sendo, a ambientalização da questão climática, ou seja, a inserção do clima no debate ambiental mais amplo, deu-se em meio a um processo de politização da perspectiva dos movimentos ecológicos, ao mesmo tempo em que tendências à sua despolitização eram estimuladas por lobbies empresariais e forças políticas representadas no interior dos Estados nacionais. No âmbito dos movimentos ecológicos, verificou-se o que poderíamos chamar de politização 'por impregnação'[4], configurada por um alargamento progressivo de seu universo cultural, com tomadas de consciência resultantes de contatos com ideias provenientes de movimentos sociais que constroem a questão climática como pertinente a diagramas assimétricos de poder fundados em processos estruturais de apropriação do espaço e seus recursos. As situações de comunicação que se foram constituindo ao

---

3. O discurso da segurança ecológica foi objeto de forte crítica por parte dos movimentos ecofeministas norte-americanos, por terem servido, nos primórdios dos processos de neoliberalização das economias, para estabelecer relações entre pressão populacional, escassez de recursos e conflitos intraestatais nos países do Sul, de modo a mascarar efeitos sociais desastrosos do ajustes estruturais impostos aos países pobres e justificar recursos orçamentários vultosos para o complexo ambiental-militar no período de pós-guerra fria, além de procurar dar razões para o lobby do controle populacional, em conjuntura onde as taxas de fecundidade estavam caindo (Hartmann, 1999).

4. Evoco aqui, de forma bastante livre, a noção cunhada pelo historiador Maurice Agulhon (1979), que em suas pesquisas sobre a história das sociabilidades, discutiu o processo de politização das massas populares que ele entendeu se dar pelo alargamento progressivo do universo cultural do campesinato francês que se seguiu à Revolução de julho de 1830. A mencionada 'impregnação' teria traduzido uma 'descida da política para as massas' como resultado de contatos sucessivos com novos ideais.

longo do debate público sobre o aquecimento global contribuíram para alimentar o repertório de termos críticos e interseccionais que foram sendo crescentemente assumidos por movimentos sociais no campo climático. Ese repertório veio, basicamente, se estruturando em torno à consideração de que "aqueles e aquelas cuja contribuição ao efeito estufa é negligenciável são os mesmos que devem se bater para satisfazer suas necessidades fundamentais e manter seus meios de subsistência" (Thumberg *et al.*, 2022); "as mesmas comunidades historicamente confrontadas a outros sistemas de opressão — pessoas racializadas, povos indígenas, mulheres, pessoas economicamente marginalizadas e aquelas do Sul — é que pagam o mais pesado tributo" (Thumberg *et al.*, 2022). Esta configuração do processo de politização não deixa de apresentar os traços de uma hibridação[5] entre o vocabulário de movimentos ambientalistas e aquele associado à criatividade e resistência das culturas indígenas, camponesas e de povos tradicionais, forças crescentemente envolvidas na crítica a um modelo de desenvolvimento capitalista apoiado na expropriação de terras e territórios tradicionais nos países do Sul. Tal resistência veio sustentando, na contramão do discurso despolitizante que atribui a um homem genérico a responsabilidade pelas mudanças climáticas, que grupos sociais não-dominantes sempre estiveram expostos a 'crises ambientais' que lhes são específicas, dada a desestabilização sistemática sofrida pelas condições ecológicas do exercício de suas práticas espaciais. Essa desestabilização se veio dando tanto por via da exproriação de territórios de camponeses, indígenas e povos tradicionais, como pela poluição das áreas de moradia nas periferias urbanas e pelos efeitos danosos dos desastres climáticos. Ou seja, nesta perspectiva, as

5. Tomo emprestado aqui, também livremente, a noção de 'politização por hibridação' adotada por autores como Peter McPhee e Peter Sahlins que procuraram olhar para as culturas locais e camponesas herdadas do passado e dotadas de significado politico novo como forma de explicar o processo de politização do campesinato francês na Segunda República francesa (Shalins, 1992).

práticas espaciais dos grupos dominantes — dentre as quais aquelas que alimentam os lucros das indústrias de combustíveis fósseis — fundam sua reprodução numa fuga para adiante que compromete sistematicamente a reprodução das práticas espaciais não-dominantes. A desigualdade ambiental seria, assim, um elemento constitutivo do capitalismo neoliberalizado, operando como fator de viabilização da continuidade das práticas do capitalismo fóssil pela destinação sistemática de seus efeitos climáticos danosos para os grupos mais vulnerabilizados do planeta.

Cabe assinalar que o IPCC, criado em 1988 pela Organização Meteorológica Mundial (OMM) e pelo Programa das Nações Unidas para o Meio Ambiente (PNUMA), reunindo representantes da comunidade científica e dos Estados-membros, foi desde logo entendido, pelos países cujos interesses são mais visados pelo debate climático, como uma instância política. É sabido que as reuniões de seus grupos de trabalho estabelecem 'planos de relatórios' que são submetidos aos Estados-membros, que podem orientar o enquadramento destes relatórios nos aspectos que lhes dizem mais respeito. Nesse âmbito, as empresas que mais emitem gases-estufa, que inicialmente haviam investido em *think tanks* destinados a semear a dúvida ante o relativo consenso científico estabelecido, teriam mudado sua estratégia: deixaram de negar o aquecimento global e começaram a buscar soluções que lhes fossem favoráveis. Desde os anos 1990, portanto, os lobbies da energia fóssil procuraram influenciar o IPCC através da Coalizão Global pelo Clima, juntamente com as delegações dos EUA e da Arábia Saudita[6]. O trabalho dos seus lobbies veio buscando, assim, não só influenciar a ação política, mas adotar estratégias de

6. Durante a COP26 realizada em 2021, estiveram presentes mais de 500 lobistas do carvão, do gás e do petróleo. "Se a indústria dos combustíveis fosseis fosse um país, ela teria, de longe, o maior número de delegados", avaliou a ONG Global Witness (2021).

comunicação que apresentassem as corporações, não como fonte de poluição, mas como agentes de mudança e de oferta de soluções.

Fato é que o processo de ambientalização da questão do clima vinha se dando em paralelo às transformações operadas na economia mundial nos anos 1980-90, que acentuaram as pressões por redução e flexibilização das regulações e normas definidas com o fim de estabelecer limites às pressões sobre os ecossistemas, regulações estas que também restringiam, de forma indesejável para as corporações, a mobilidade dos capitais, princípio motor das reformas neoliberais então em curso. É nesse contexto que a crítica à despolitização se fez frequente na literatura sobre a regulação política das interdependências entre a economia e o meio ambiente (Meyer, 2020; Swyngedouw, 2021; Hunter, 2021; Comby, 2017; Lohman, 2014). Os críticos passaram a sustentar que um consenso técnico e administrativo tem dominado a discussão sobre transição energética, desconsiderando a conflitualidade e excluindo as alternativas próprias ao campo da política. A delegação das dinâmicas decisórias aos agentes privados e a instauração de novos ativos financeiros alimentados por razões climáticas teriam esvaziado a ação política, explicando inclusive, em parte, a própria ausência de resultados no combate ao aquecimento global. Os instrumentos do comércio de carbono, por exemplo, adotados sob a alegação de tornar as emissões mais 'rentáveis' ('*cost-effective*') no curto prazo, passaram a dominar as políticas climáticas desde o final dos anos 1990, tendendo a desestimular, em lugar de estimular, a transição energética de longo prazo nos países industrializados. O mercado de carbono não significaria, assim, apenas uma nova oportunidade financeira a desviar os esforços de ações efetivas de transição energética, mas estaria também justificando a continuidade de práticas danosas tanto nos ambientes locais como no global (Lohman, 2010).

Considerações finais

Dunlap e McCright (2010) sustentam que movimentos conservadores têm operado, na esfera pública, como uma assumida força antirreflexiva. No campo ambiental, esses movimentos têm se mobilizado contra a adoção de regulações políticas em nome do primado da propriedade privada e da lucratividade das corporações. A preferência de governos e grandes empresas por enfrentar o aquecimento global com soluções de proficiência técnica, eficiência energética e tecnologias verdes, centradas no mercado de carbono e em mecanismos de compensação (Dahan, 2008, p. 1) indica a hegemonia de uma estratégia de "modernização climatológica do capitalismo": mecanismo pelo qual as instituições correntes internalizam a questão climática, celebrando a economia de mercado, o progresso técnico e o consenso político. Tratar-se, assim, de uma operação discursiva e política de transformação de uma restrição técnica à expansão do capital em um mecanismo motor da própria acumulação, na perspectiva de fazer da questão ambiental uma oportunidade de negócios, eludindo qualquer referência a dimensões estruturais constitutivas e atualizadas do capitalismo. O espaço ganho pela temática no debate público parece ter se dado, tal como ocorrera com a solução do 'desenvolvimento sustentável' nos anos 1980, a partir do momento em que os campos empresarial e governamental se mostraram capazes de oferecer uma modalidade de resposta que em nada ameaçasse os fundamentos do capitalismo em sua fase neoliberal. A perspectiva de se fazer entrar o debate climático no campo político, requereria certamente nele considerar a perspectiva dos sujeitos que conhecem e vivem as dimensões conflitivas e desiguais dos processos climáticos, representantes dos grupos vulnerabilizados cujas práticas espaciais e condições de vida são correntemente comprometidas pelos efeitos danosos das práticas de desmatamento e produção de combustíveis fósseis, fatores principais do recrudescimento dos desastres climáticos.

Stengers (1997) sugere que, em contextos de despolitização — de silenciamento relativo das possibilidades de problematização da realidade como ela está dada —, a ciência é utilizada para definir os limites tidos por objetivos no interior dos quais se poderia dar o exercício das escolhas políticas. Dados os limites fixados por esse saber supostamente mais objetivo, restaria discutir apenas o resíduo que sobra para a deliberação democrática. Face aos impasses do debate climático, faz sentido buscar inverter tal assertiva e perguntar, ao contrário, se não seria a qualidade do funcionamento democrático das sociedades que asseguraria a confiabilidade e o interesse dos saberes que elas produzem. Ou seja, que quanto mais amplo for o campo problematizado da vida social — aquele acionado na esfera política —, maior será a contribuição que o campo científico — incluindo o campo dos saberes tradicionais — poderá dar.

REFERÊNCIAS

AGULHON, Maurice. *La République au village. Les populations du Var de la Révolution à la Seconde République*. Paris, Plon, Seuil, 1979.

ARENDT, H. *The Human Condition*. Chicago, University of Chicago Press, 1958.

BOURDIEU, Pierre. *Contre-feux 2*. Paris, Raison d´agir, Paris, 2001.

BUTTEL, F. "Environmentalization: origins, processes and implications for rural social change". *In*: *Rural Sociology*, v.57, n.1, p.1-27, 1992.

CASTORIADIS, C. *L'institution imaginaire de la société*. 4e éd. Paris: Seuil, 1975.

COMBY, J. B. "Dépolitisation du problème climatique — Réformisme et rapports de classe". *In*: *Idées économiques et sociales* 2017/4 (N° 190), p. 20-27, 2017.

CRESPO, Samyra. "Verdes que Amadurecem: os desafios da especialização e da profissionalização das organizações e dos militantes ambientalistas no Brasil". *In*: *XIX Encontro Nacional da ANPOCS*, Caxambu, 1995.

DAHAN. A. "Is climate change an environmental problem? Epistemological and political reflections". *In*: *Social Sciences and Humanities facing Climate Change Challenges Conference Maison de la Chimie*, September 22-23, 2008.

DAHAN D. A., GUILLEMOT, H. "Changement climatique: Dynamiques scientifiques, expertise, enjeux géopolitiques". *In*: *Sociologie du Travail* Vol. 48, n° 3, p. 412-432, Juillet-Septembre, 2006.

DE GEUS, M. "The ecological restructuring of the state". *In*: DOHERTY, B.; DE GEUS, M. (orgs.) *Democracy and Green poitical thought — sustainabiulity, rigjts and citizenship*. London, N. York, Routledge, p.188-211, 1996.

DE PRYCK, Kari. "Le GIEC dans tous ses états". *In*: *La Vie des idées*, l'Institut du Monde Contemporain (Collège de France), Paris, 2020. Disponível em: **http://www.laviedesidees.fr/Le-GIEC-dans-tous-ses-etats.html**.

DUNLAP, Riley E.; MCCRIGHT, Aaron M. "Anti-reflexivity: The American Conservative Movement's Success in Undermining Climate Science and Policy". *In*: *Theory Culture Society*, London, 27 (2-3):p 100-133, may 2010.

FABIANI, Jean-Louis. "Transformations dans la sphère publique (1983-2013)". *In*: *Esprit*, 2014. Disponível em: **https://www.eurozine.com/transformations-dans-la-sphere-publique-1983-2013/**. Acesso em 18 de junho de 2014.

FRANK, D. J. HIRONAKA, A. SCHOFER, E. "The nation-satte and the natural environment over the twentieth century". *In*: *American Sociological Review*, vol 65, february, p.96-116, 2000.

GEMENNE, François. "Les scientifiques du Giec demeurent dans une posture de ´neutralité objective` qui confine à l'attentisme", entrevista a Mickael Correia em 22 de fevereiro de 2022. Disponível em: **https://www.mediapart.fr/journal/international/280222/climat-les-scientifiques-du-giec-demeurent-dans-une-posture-de-neutralite-objective-qui-confine-l-a**.

GLOBAL WITNESS. Hundreds of fossil fuel lobbyists flooding COP26 climate talks. London/Glasgow, 2021. Disponível em: **https://globalwitness.org/en/press-releases/hundreds-of-fossil-fuel-lobbyists-flooding-cop26-climate-talks/**.

HAJER, M. *The Politics of Environmental Discourse*: Ecological Modernization and the Policy Process. New York, Oxford University Press, 1997.

HARVEY, David. "L'accumulation flexible par l'urbanisation: reflexions sur le 'post-modernisme' dans la grande ville américaine". *In*: *Futur Antérieur*, 29, p.121-145, 1995.

HARVEY, David. *Condição Pós-Moderna*, São Paulo, Ed. Loyola, 1992.

HUNTER, R. "Capitalism, Depoliticization, and Climate Politics". *In*: *Science & Society*, Vol. 85, No. 2, April, 184–191, 2021.

HARTMANN, B. "Population, environment and securtity". *In*: SALLIMAN, J.; KING, Y. (eds.) *Dangerous intersections — feminism, populaiton and the* environment, London-N.York, Zed Books, p. 1-23, 1999.

KALECKI, M. "Aspectos Políticos do Pleno Emprego". *In*: *Crescimento e Ciclo nas Economias Capitalistas*. São Paulo, Ed. Hucitec, p. 54-60, 1983.

KALECKY, Michal. *Teoria da Dinâmica Econômica*. Ensaio sobre as Mudanças Cíclicas e a Longo Prazo da Economia Capitalista. São Paulo: Editora Nova Cultural, 1977.

LASCOUMMES, P. *L´écopouvoir — environnement et politiques*, Paris, Ed. La Découverte, 1994.

LAVAL, C.; DARDOT, P. *A nova razão do mundo — ensaio sobre a sociedade neoliberal*, São Paulo, Boitempo, 2013.

LEITE LOPES, J. S. "A ambientalização dos conflitos em Volta Redondas". *In*: ACSELRAD, H. *Conflitos ambientais no Brasil*. Rio de Janeiro: Relume Dumará, p.217-44, 2004.

LOHMAN, Larry. "Climate Crisis: Social Science Crisis". *In*: VOSS, M. (org.) *Der Klimawandel: Sozialwissenschaftliche Perspektiven*. Wiesbaden: Verlag Fur Sozialwissenschaften, 2010.

LOHMAN, Larry. Fetishisms of Apocalypse. 2014. Disponível em: **https://ejcj.orfaleacenter.ucsb.edu/2021/09/rcjgc-panel-01/**.

MCMICHAEL, P. "Incorporating compairison within a world-historical perspective: an alternative comparative model". *In*: *American Sociological Review* 55, p. 385-397, 1990.

MCPHEE, P. *Les semailles de la République dans les Pyrénées-Orientales, 1846-1852*, trad. Nicole Prosper, Perpignan, Publications de l'Olivier, 1992.

MEYER, J. M. "The politics of the 'post-political' contesting the diagnosis". *In*: *Democratization*, 27(3), 408-425, 2020.

NANDA, V. P. "Global climate change and international law and institutions". *In*: NANDA, V. P. (ed.) *World Climate change*: the role of international law and institutions, Boulder, CO Westview, p. 227-239, 1983.

ORWELL, George. *1984*, 23ª edição. São Paulo: Companhia Editora Nacional, 1998.

ORVILLE, Howard T. "The Impact of Weather Control on the Cold War". *In*: HOWE, Joshua P. (org.) *Making Climate Change History*: Documents from Global Warming's Past, University of Washington Press, 2017.

RANCIÈRE, J. *O desentendimento*: política e filosofia. São Paulo: Editora 34, 1996.

ROSENBAUM, W. A. "The Bureaucracy and Environmental Policy". *In*: LESTER, James P. (ed.) *Environmental Politics and Policy — Theories and Evidence*, Durham, Duke University Press, 1995.

SAHLINS, P. *Frontières et identités nationales. La France et l'Espagne dans les Pyrénées depuis le XVII*[e] *siècle*, Paris, Belin, 1996.

SAREWITZ, D. "La futilité des connaissances climatologiques". *In*: GUYADER, Marie-Francoise Chevalier-Le. (org.) *La science et le débat publique*, Arles, Actes Sud/IHEST, 2012.

SOUZA, Herbert (Betinho). *A situação da clandestinidade e os processos de formação dos partidos-seitas*, Santiago do Chile, Mimeo. Documento CPDOC/FGV, p.2, 1972.

SILVA-SANCHEZ, Solange S. *Cidadania Ambiental*: novos direitos no Brasil. São Paulo: Humanitas e Annablume, 2000.

STENGERS, I. *Science et Pouvoir*. Brixelles: Ed. Labor, 1997.

SWYNGEDOUW, E. "The Apocalypse is Disappointing: The Depoliticized Deadlock of the Climate Change Consensus". *In*: PELLIZZONI, L.; LEONARDI, E., ASARA, V. (Eds.). *Handbook of Critical Environmental Politics*. Loondon, E. Elgar, 2021.

THOMAS, C. *The environment in international relations*, London, Royal Institute of International Affairs, 1992.

THUMBERG, Greta *et al*. "We, the people, are the climate impact the world needs (Pour combattre le changement climatique, c'est du pouvoir populaire dont nous avons besoin)". 2022. Disponível em: **https://blogs.mediapart.fr/les-invites-de-mediapart/blog/010322/pour-combattre-le-changement-climatique-cest-du-pouvoir-populaire-dont-nous-avons-beso**.

VIOLA, E. LEIS, H. "O Ambientalismo Multissetorial no Brasil Para Além da Rio-92: O desafio de uma estratégia globalista viável". *In*: *Seminário Diretrizes de Ação para o Meio Ambiente no Brasil*, Câmara dos Deputados, janeiro, mimeo, 1992.

WORLD METEOROLOGICAL ORGANIZATION. *The Changing Atmosphere*: Implications for Global Security. Toronto, Canada, 27–30 June 1988: Conference Proceedings (PDF), 1989.

UM PASSO À FRENTE, DOIS ATRÁS: A IMPORTÂNCIA DA QUESTÃO AMBIENTAL PARA A MUDANÇA SOCIAL E O FUTURO DO BRASIL

Leila da Costa Ferreira

Emergência climática e metamorfose: a realidade brasileira

A última comunicação do IPCC (2021) reforçou que as mudanças recentes no clima são generalizadas, rápidas, intensificadas e sem precedentes em pelo menos 6.500 anos. A mudança climática já está afetando todas as regiões da Terra, de muitas maneiras e é indiscutível que as atividades humanas estão causando tais mudanças.

A questão sociológica e analítica que se coloca é: o que a mudança climática faz por nós e como ela altera a ordem da sociedade e a política?

Segundo Beck (2018), a literatura sobre mudanças climáticas tornou-se um verdadeiro supermercado de cenários apocalípticos. O autor argumenta que em vez disso, o foco deve estar no que está surgindo agora — estruturas e normas futuras e novos começos. Sua tese centra-se na ideia de metamorfose, isto é, sobre uma nova maneira de gerar e implementar normas na era das mudanças climáticas. Ainda, ele afirma que a mudança climática produz um senso básico de violação ética e existencial que cria novas normas, leis, mercados, tecnologias, entendimentos da nação e do estado, formas urbanas e cooperações internacionais.

Segundo Beck (2018), a metamorfose cosmopolita da mudança climática (ou do risco global em geral) diz respeito à coprodução de percepções de risco e horizontes normativos.

Ou seja, vivendo na modernidade suicida, pautada pelo capitalismo, a caixa preta das questões políticas tradicionais se reabre. Isso induz a necessidade de superar o neoliberalismo e praticar novas formas de responsabilidade transnacional.

No caso da mudança climática como metamorfose, há uma aglutinação entre natureza, sociedade e política.

Abordando um desafio tão multifacetado como a mudança climática, espera-se também que as soluções sejam abrangentes, incluindo diversas áreas da atividade humana e várias partes interessadas e setores da sociedade, por exemplo: agências multilaterais, governos, setor privado, institutos de pesquisa e grupos da sociedade civil organizada. Dessa forma, poderiam elucidar-se os fatos que geram os riscos da mudança climática e encontrar as possíveis condições para seu confronto (Ferreira, 2020). Há vários atores importantes nesse processo e, dentre eles, as cidades mundiais estão surgindo como atores cosmopolitas.

Sendo as atividades humanas as maiores responsáveis pelo agravamento das mudanças ambientais globais, sobretudo das mudanças climáticas, a compreensão acerca das dimensões sociais e políticas dessas mudanças é fundamental para empreender estratégias de enfrentamento dos impactos decorrentes delas (Dunlap; Brulle, 2015).

Os riscos são fruto de processos multiescalares, são problemas que surgem a partir da organização e estrutura da sociedade, refletindo as opções de como as sociedades se organizam e de suas escolhas de desenvolvimento.

As mudanças climáticas apresentam-se, dessa forma, como um desafio multiescalar, relacionando-se simultaneamente às escalas local e global. Os governos nacionais são, de fato, atores relevantes para conduzir o enfrentamento das mudanças climáticas, em se tratando de estratégias de mitigação e adaptação. Porém, os níveis subnacionais têm liderado respostas contundentes aos desafios das mudanças climáticas em todo o mundo, principalmente nas cidades (Betsill; Bulkeley, 2007).

Ademais, em se tratando de um desafio antropocênico, caracterizado pela sua multidimensionalidade e sua natureza complexa, seria ingênuo acreditar que apenas um grupo de atores seria capaz de resolver a crise climática. O envolvimento de atores não governamentais, de organizações da sociedade civil, da iniciativa privada, das universidades e instituições de pesquisa é imprescindível para a produção de respostas eficientes e bem-sucedidas ao problema.

Em primeiro lugar, é importante compreender quais são os '*players*' principais nesse processo. O Brasil é um ator importante por se configurar entre os 10 principais emissores cumulativos de gases de efeito estufa (GEE), como mostra o Gráfico 1.

GRÁFICO 1. **Países com maiores emissões de GEE cumulativas (1850-2021)**

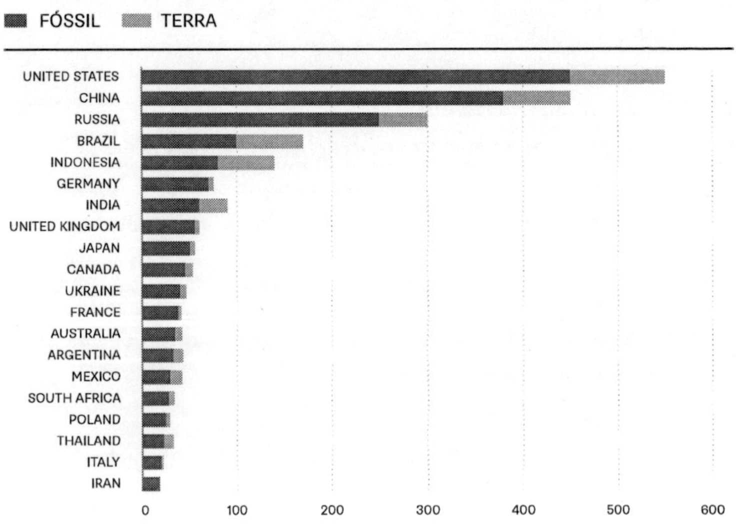

FONTE: Evans (2021)

Outro ponto relevante são as emissões GEE brasileiras por setores e, como podemos ver no Gráfico 2, a questão do uso e ocupação da terra, energia e agricultura são setores emblemáticos.

GRÁFICO 2. **Emissões brasileiras por setor (2011-2019)**

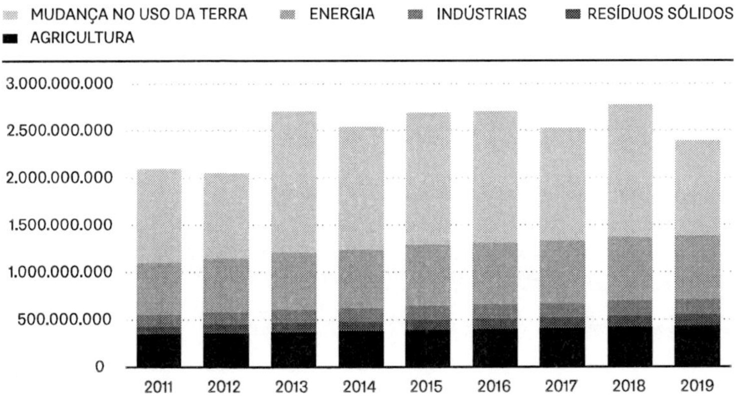

FONTE: INPE (2021)

Assim, as emissões de GEE no Brasil estão amplamente ligadas às mudanças no uso da terra e nas práticas de gestão da terra (SEEG, 2018). Em 2018, o uso da terra e a mudança da cobertura da terra contribuíram com 44% do total de emissões do país, seguidos pela agricultura, que respondeu por 25%. O desmatamento tem sido a principal fonte de emissões do uso da terra, representando 93% do total do setor no período de 1990 a 2018.

Em termos de vulnerabilidade às mudanças climáticas, o Brasil ocupa o 92º lugar entre 181 países no Índice ND-GAIN 2020[1]. Prevê-se

1. O Índice ND-GAIN11 classifica 181 países usando uma pontuação que calcula a vulnerabilidade de um país às mudanças climáticas e outros desafios globais, bem como sua prontidão para melhorar a resiliência (Universidade de Notre Dame, 2022)

que as temperaturas extremas, o aumento do nível do mar, bem como os desafios complexos de diferentes regiões em todo o país que enfrentam escassez significativa de água e chuvas fortes, coloquem pressão significativa sobre grupos vulneráveis, infraestrutura urbana, economia e ecossistemas únicos do país (World Bank, 2021).

Nesse cenário, o presente capítulo analisa as políticas brasileiras de mudanças climáticas numa perspectiva multinível e multiatores, buscando compreender os papeis tanto no nível nacional como no nível local, bem como o envolvimento dos diversos atores nesse processo.

Dimensão local das mudanças climáticas no Brasil

Segundo o Relatório do Fórum Econômico Mundial (2022), quase metade (44%) do PIB global proveniente das cidades está sob risco devido às perdas da natureza e da biodiversidade. O relatório mostra que as falhas na ação climática podem prejudicar a economia dos municípios ao redor do mundo. O estudo explica que a biodiversidade contribui positivamente para as atividades econômicas ao influir na qualidade do ar, nos ciclos da água e na regulação das enchentes, além de sustentar a produção de energia, alimentos e medicamentos.

No Brasil, 85% da população vive em áreas urbanas, correspondendo a 185 milhões de pessoas, com um déficit urbano proveniente do processo de urbanização, com problemas urbanos se intensificando com as mudanças climáticas, como déficit de moradia, falta de saneamento básico, problemas com abastecimento de água, entre outros (Ferreira *et al.*, 2020).

No entanto, as políticas climáticas locais brasileiras são iniciativas isoladas no contexto nacional. Doze dos 5.570 municípios possuem lei específica que estabelece uma política climática, correspondendo a uma população de mais de 30 milhões de pessoas (IBGE, 2010). Entre 2003 e 2011, seis municípios aprovaram suas leis de mudanças climáticas (Belo Horizonte, Curitiba, Feira de Santana, Manaus, Palmas, Rio de Janeiro e São Paulo) e cinco municípios (Fortaleza, Porto Alegre, Recife, Santos e Sorocaba) aprovaram após 2014, com maior atenção à adaptação. Nem todas as políticas municipais têm estratégias claras de mitigação ou adaptação. Sete dos doze municípios possuem estratégias de mitigação e seis deles possuem ações de adaptação. Três municípios não definiram ações de mitigação nem de adaptação. A maioria das estratégias de mitigação inclui o estabelecimento ou planejamento para estabelecer metas de redução de emissões de GEE. Outras ações envolvem conservação de áreas verdes e eficiência energética. As estratégias de adaptação envolvem principalmente os setores de defesa civil e planejamento urbano.

As cidades litorâneas representam uma lacuna importante nas políticas climáticas locais do Brasil. Elas são consideradas ainda mais vulneráveis às mudanças climáticas por sua especificidade geográfica, sua interface entre continente, atmosfera e oceano, e por serem locais com alta concentração de pessoas e estruturas — o que transforma esses eventos em desastres, uma vez que pessoas e estruturas podem ser severamente afetadas. O Brasil tem um litoral de quase 7.500 km de extensão, onde estão localizadas muitas e algumas das mais importantes cidades do país e onde se concentra a maior parte da população. Apenas cinco cidades litorâneas (Fortaleza, Recife, Rio de Janeiro, Salvador e Santos) possuem estratégia de adaptação.

Em termos de mecanismos institucionais para implementação de políticas, dez das doze cidades estabeleceram um Fórum ou Comitê do Clima, com a participação de secretarias e órgãos municipais, universidades e institutos de pesquisa, setor privado e organizações da sociedade civil. Um resumo dessas políticas climáticas municipais é apresentado na Tabela 1.

TABELA 1. **Políticas de mudanças climáticas nos municípios brasileiros**

CIDADE/ ESTADO	POLÍTICA / LEI CLIMÁTICA	ANO	ESTRATÉGIAS DE MITIGAÇÃO
Belo Horizonte (MG)	Lei nº 10.175	2011	30% de redução de emissões de GEE até 2015
Curitiba (PR)	Decreto nº 1.186	2009	Plano de mitigação em elaboração
Feira de Santana (BA)	Lei nº 3.169	2011	Objetivo de reduzir as emissões de GEE, mas sem meta definida
Fortaleza (CE)	Lei nº 10.586	2017	Redução de 15,5% nas emissões de GEE até 2020 e 20% até 2030
Manaus (AM)	Lei nº 254	2010	Uso obrigatório de equipamentos voltados ao uso racional de energia e água em edificações e incentivos fiscais para práticas sustentáveis
Palmas (TO)	Lei nº 1.182	2003	Plano de conservação de áreas verdes e eficiência energética
Porto Alegre (RS)	Lei Complementar nº 872	2020	Metas de redução de emissões de GEE a serem definidas após a execução do inventário
Recife (PE)	Lei nº 18.011	2014	Plano de redução de emissões de GEE com metas por setor de atividade (2016)
Rio de Janeiro (RJ)	Lei nº 5.248	2011	Metas de redução de emissões de GEE: 8% em 2012; 16% em 2016; 20% em 2020

ESTRATÉGIAS DE ADAPTAÇÃO	MECANISMOS INSTITUCIONAIS PARA IMPLEMENTAÇÃO
Plano de adaptação em elaboração	Comitê Municipal de Mudanças Climáticas e Eco-economia (2006)
Plano de adaptação em elaboração	Fórum Curitiba de Mudanças Climáticas (2009)
A ser definida	Fórum Municipal de Mudanças Climáticas Globais e Biodiversidade (2011)
Plano de adaptação em elaboração	Fórum Fortaleza de Mudanças Climáticas (2015)
Uso obrigatório de equipamentos voltados ao uso racional de energia e água em edificações e incentivos fiscais para práticas sustentáveis	Governo municipal
Não definido	Secretaria Municipal de Meio Ambiente
Plano de Resiliência (2016)	Comitê Municipal de Mudanças Climáticas e Eficiência Energética (2016)
Plano de Adaptação (2019)	Comitê Recife de Sustentabilidade e Mudanças Climáticas (Comclima) (2013); Grupo Executivo de Sustentabilidade e Mudanças Climáticas (Geclima) (2013)
Estratégia de Adaptação às Mudanças Climáticas (2016)	Fórum Carioca de Mudanças Climáticas e Desenvolvimento Sustentável (2009)

TABELA 1. **Políticas de mudanças climáticas nos municípios brasileiros** (CONT.)

CIDADE/ ESTADO	POLÍTICA / LEI CLIMÁTICA	ANO	ESTRATÉGIAS DE MITIGAÇÃO
Santos	Plano de Adaptação	2016	Não definido
São Paulo (SP)	Decreto nº 60.290	2021	Plano de Ação Climática do Município de São Paulo 2020-2050
Sorocaba (SP)	Lei nº 11.477	2016	Metas de redução de emissões de GEE a serem definidas após a execução do inventário

FONTE: Adaptado de Barbi; Rei (no prelo)

Em 2017, a Frente Nacional de Prefeitos (FNP), o ICLEI (Governos Locais pela Sustentabilidade) e a União Européia assinaram o Pacto Global de Prefeitos pelo Clima e Energia, acordo que promove maior colaboração entre as cidades do mundo. Mais de 70 cidades brasileiras integram essa iniciativa, que buscou construir conexões entre municípios para aumentar a oferta de financiamentos e viabilizar ações locais para o clima e as energias renováveis. É considerada a maior aliança global de cidades e governos locais para conter as mudanças climáticas.

Políticas climáticas no nível federal brasileiro

As ações climáticas relacionadas às estruturas políticas institucionais no Brasil no nível federal podem ser divididas em quatro fases, conforme o Gráfico 3.

ESTRATÉGIAS DE ADAPTAÇÃO	MECANISMOS INSTITUCIONAIS PARA IMPLEMENTAÇÃO
Plano de Adaptação (2016)	Comissão Municipal de Adaptação às Mudanças Climáticas (2015)
Plano de Ação Climática do Município de São Paulo 2020-2050	Secretaria Executiva de Mudanças Climáticas (2021)
Plano de adaptação em elaboração	Comitê Local de Mudanças Climáticas e Grupo de Trabalho sobre Mudanças Climáticas (2019)

GRÁFICO 3. **As quatro fases da política climática brasileira (1992-2018)**

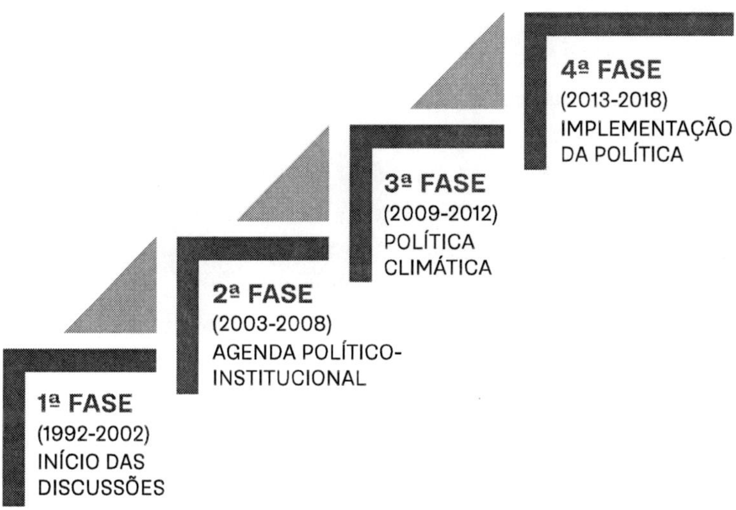

FONTE: Evans (2021)

Na primeira fase, podemos observar as estruturas político-institucionais (1992-2002) e verificamos os seguintes importantes acontecimentos: o Programa Nacional de Mudanças Climáticas em 1994, assim como a Comissão para o desenvolvimento sustentável e Centro de Estudos Climáticos (INPE/CPTEC). A Comissão de Mudanças Climáticas Globais foi criada em 1999.

O Fórum Brasileiro de Mudanças Climáticas, integrando representantes do governo, sociedade civil, setor privado e institutos de pesquisa, criado em 2000, e ainda a importância da sociedade civil no processo, como a atuação do Observatório do Clima (ONG) desde 2002.

Na segunda fase, há o desenvolvimento da agenda climática (2003-2008). O Primeiro Inventário de emissões dos gases de efeito estufa acontece em 2004. O Plano Nacional de Mudanças Climáticas em 2007, em conjunto com a Rede Global de Mudanças Climáticas (Rede Clima). Destaca-se o papel do Centro do Sistema Terrestre (CCST) (2008) e do Instituto Nacional de Ciência e Tecnologia as Mudanças Climáticas (INCT). Finalmente, é elaborado o Plano Nacional de Mudanças Climáticas em 2008.

Na terceira fase, há o estabelecimento da política climática (2009-2012). A Política Nacional de Mudança Climática (PNMC) ocorre em 2009 em conjunto com o Fundo Nacional de Mudanças Climáticas. É estabelecido o Painel Brasileiro de Mudanças Climáticas (PBMC). Em 2010, o segundo Inventário nacional de emissões de gases de efeito estufa é publicado e, em 2012, sai o Primeiro Relatório do PBMC. Trata-se de um período muito significativo para o processo brasileiro.

Na quarta fase, começa a implementação da política de mudança climática (2013-2018) com os seguintes planos abrangendo todos os biomas nacionais e vários setores: Plano de Controle do Desmatamento para Amazônia Legal; Plano de Controle para o Desmatamento do Cerrado; Plano Energético para Dez Anos; Plano de Agricultura de Baixo Carbono; Plano de Transformação da Indústria; Plano para Emissão de Baixo Carbono; e por fim, o Plano para o Transporte e Mobilidade Urbana.

Entretanto, o balanço das 3 grandes Convenções de 1992 — clima, biodiversidade e combate à desertificação — não merece outro qualificativo que o termo fracasso. Fracasso ocorre quando nos distanciamos da meta almejada e foi exatamente o que aconteceu.

No que diz respeito ao Brasil, a Petrobrás aumentou sua produção de petróleo e demais combustíveis fósseis e as emissões de GEE logicamente aumentaram também; o desmatamento aumentou desde 2012 no Brasil, assim como a erosão e a desertificação dos solos.

Nesse sentido, só poderemos reagir à emergência climática com o aumento da geração de energias renováveis de baixo carbono. Ela decorre das emissões de GEE produzidas pela queima de combustíveis fósseis. Portanto, o que se impõe é a diminuição dessas emissões. Como sabemos, o volume delas apenas aumentou no Brasil desde 1992.

Não houve em 2015 e nas 5 COPs sucessivos compromissos do Brasil (e de qualquer outro país no mundo) de uma diminuição imediata dessas emissões. Apenas metas futuras que não serão provavelmente honradas (pelo menos nenhuma o foi até agora).

Em síntese, há uma dissociação total entre as estruturas institucionais (acordos, agências e planos nacionais, metas, compromissos internacionais assumidos e ratificados etc.) e a consecução dos objetivos e a própria razão de ser dessas estruturas, pois a realidade constatada é o aumento da queima de combustíveis fósseis e da aniquilação da biodiversidade. E isso, no caso brasileiro, mesmo antes de Bolsonaro.

O que ocorreu no Canadá em 2021 (49,6ºC em British Columbia) ou o que está ocorrendo (novamente) na Índia e no Paquistão (49 a 50ºC, em plena primavera) é a enésima advertência do que nos aguarda já no próximo El Niño, quando deveremos atingir momentaneamente 1,5ºC pela primeira vez, numa trajetória de aceleração do aquecimento e demais desequilíbrios planetários.

2019 em diante

Entre 2019 e 2022, com o governo Bolsonaro, houve grande ceticismo em relação às mudanças climáticas e preocupação com os riscos. O governo promoveu ações contra o ambiente em casa, em consonância com os grupos ruralistas, aumentando o desmatamento e as queimadas. O governo negou a ciência, por isso não houve urgência em mitigar as mudanças climáticas, promovendo uma política interna e externa contra o assunto. Como podemos observar no Gráfico 4, a taxa de desmatamento subiu significativamente em 2019 e 2020.

GRÁFICO 4. **Taxa anual de Desmatamento na Amazônia Legal (Km^2) 2016-2020**

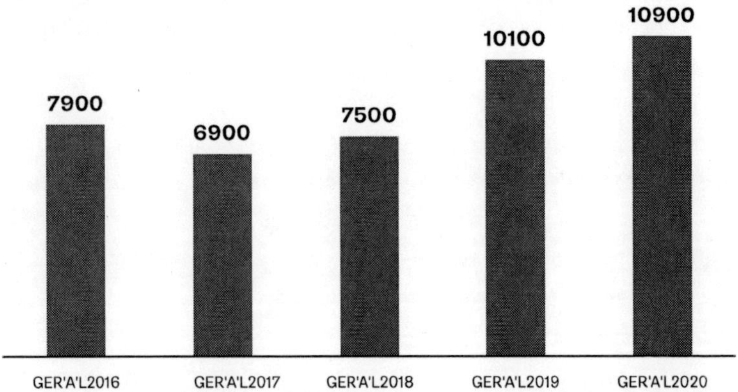

FONTE: Autoras, baseado em INPE (2021)

As instituições em nível federal — o Comitê Interministerial de Mudanças Climáticas, a Comissão Interministerial de Mudanças Climáticas Globais e o Fundo Nacional de Mudanças Climáticas — foram afetadas pela posição negacionista do atual governo (Estevo, 2021). O trabalho do Painel Brasileiro de Mudanças Climáticas também foi afetado por reduções de financiamento, assim como o Fórum Brasileiro de Mudanças Climáticas (Azevedo, 2019).

Na análise da importância da emergência na política externa de mudanças climáticas, entendemos que o governo foi negacionista, portanto não houve preocupações com a emergência climática.

Acompanhando a mensagem brasileira em Glasgow, o país anunciou meta pouco ambiciosa de reduzir 50% de emissões até 2030. Na verdade, o Ministro do Meio Ambiente não apontou base de cálculo e o país apresentou uma 'pedalada climática'.

Nova Democracia para o Brasil: Descarbonização da economia, sustentabilidade ambiental e equidade social

É inegável que nas últimas décadas o Brasil tem tido uma relevância e protagonismo na área ambiental, incluindo aqui a emergência climática, como podemos observar nos dados apresentados nos itens anteriores.

Em todos os setores da sociedade, houve avanços na internalização da problemática e podemos dizer aqui que a relação entre política e ciência contribuiu muito para esse processo. Destaca-se a relevância dos cientistas brasileiros em diversos postos internacionais e nacionais de formulação e implementação de políticas climáticas.

Destaca-se ainda a importância da diplomacia brasileira no âmbito internacional e salienta-se o papel brasileiro na Conferência Rio+20 na proposição dos Objetivos do Desenvolvimento Sustentável (ODS), aprovados pela Assembleia Geral em 2015.

A partir de 2019, entretanto, há grande ceticismo em relação ao aquecimento global e à emergência climática. São tantos os exemplos que confirmam o caráter antidemocrático, negacionista e atrasado desse governo que os impasses são colocados em várias instâncias.

Nesse sentido, os resultados da COP26 não são animadores e devemos pensar nas eleições de 2022, quando estaremos celebrando 50 anos de Estocolmo. Nesse sentido, há alguns pontos que no caso brasileiro pode-se avançar significativamente.

Deve-se pensar em forte investimento em sistemas coletivos de produção de energia renovável em substituição às hidrelétricas e termelétricas; saneamento básico e sistemas coletivos de produção limpa de alimentos (Winkler *et al.*, 2007).

Além disso, é necessário um forte investimento em economia 4.0, modelos de produção com tecnologias para mudar a produção, os negócios, o mercado de trabalho e a própria sociedade, como a produção tecnológica de essências, alimentos e fármacos a partir das florestas em pé e o envolvimento das populações locais (Nobre, 2021).

Ainda, é preciso um forte investimento científico e econômico para manutenção e conservação da biodiversidade das terras indígenas e o replantio de florestas nativas, além de um forte investimento em acordos para diminuição de agrotóxicos e produção agrícola mista, a fim de proteger a disseminação de pragas na monocultura e proteção de polinizadores (Ferreira *et al.*, 2021).

Além disso, deve-se fomentar a economia circular, novos modelos de negócios e otimização de processos, com menor dependência de matéria-prima virgem, priorizando insumos duráveis, recicláveis e renováveis, melhorando a produção e destinação de resíduos sólidos.

As dimensões, ritmo e consequências devastadoras das mudanças ambientais globais (emergência climática, perda da biodiversidade e poluição) tornam as medidas nesse campo necessariamente estruturantes do conjunto.

A emergência climática, foco prioritário do combate às mudanças ambientais globais, é parte dos processos históricos de exclusão. Desse modo, o combate à emergência climática deve ser apresentado como necessário à correção das desigualdades estruturais. Essa abordagem, fundamentada em dados apresentados tanto pelas ciências da natureza quanto pelas ciências sociais, determina que economia, cultura, pesquisa, justiça, saúde e educação sejam pensadas a partir de compromissos com a transformação favorável tanto à justiça social quanto à justiça ambiental (Ferreira, 2017).

O combate à emergência climática deve ser apresentado como aquilo que efetivamente é, como garantia de dignidade humana e como fonte imediata de geração de emprego, trabalho e renda. Essa abordagem elimina a dicotomia entre cidade e campo e estabelece uma abordagem econômica equilibrada em que a geração de renda para o trabalhador não decorre apenas do incentivo à atividade industrial, mas do apoio à agricultura familiar orgânica de curta distância, cujas políticas de apoio devem visar tanto à segurança alimentar, quanto à produção de segurança hídrica e de biodiversidade.

Os sistemas de saúde e de segurança precisam ser preparados para o atendimento às situações de desastre e para a atenção às doenças físicas e mentais decorrentes do cenário ambiental (Seixas; Hoeffel, 2021).

A educação e a força psicológica permitirão às novas gerações mais oportunidades de atuação em favor de uma tecnologia orientada para o desenvolvimento social que, no novo cenário, não depende de crescimento econômico, mas da redefinição das prioridades e das oportunidades.

Nesse sentido, é fundamental o exame das demandas econômicas à luz daquilo que o país já tem disponível em termos de terras disponíveis para uso humano a fim de conciliar geração de emprego e renda no campo com o aumento da restauração dos ecossistemas terrestres, lacustres e marinhos.

Desse modo, as ações de combate às mudanças ambientais globais são estruturais e, portanto, transversais à economia, à cultura, à educação, à pesquisa e à salvaguarda da democracia. Elas devem ser o princípio necessário a todas as frentes sem se subordinar a nenhuma delas. No sistema capitalista, o reconhecimento dos direitos da natureza são a única forma de assegurar os direitos humanos para a maioria cujo acesso a eles tem sido reiteradamente negado.

Guimarães (2022) salienta que a posição do Brasil no Relatório Oficial do Brasil submetido à Conferência das Nações Unidas sobre Meio Ambiente e Desenvolvimento, no Rio de Janeiro (Rio-92) apontou com clareza cristalina que "em situações de extrema pobreza, um indivíduo marginalizado da sociedade e da economia nacional não tem compromisso algum em evitar a degradação ambiental se a sociedade não impedir sua própria degradação como ser humano" (Guimarães, 2022). Na verdade, o Brasil ecoou a Resolução 44/228 das Nações Unidas, que convocou a Rio-92 e afirmava que a pobreza e a deterioração ambiental são indissociáveis e as novas estratégias "exigem mudanças nos padrões de produção e consumo, principalmente nos países industrializados" (Guimarães, 2022).

A metamorfose diante da emergência climática e os demais desafios enfrentados pelas sociedades contemporâneas é um processo sem volta, porém, como buscamos mostrar, no caso brasileiro, há escolhas que nos levarão para caminhos mais sustentáveis e equitativos.

REFERÊNCIAS

AZEVEDO, Ana Luiza. Exonerado por Bolsonaro, Alfredo Sirkis diz que 'Brasil precisa de uma Lava-Jato do desmatamento'. *O Globo*, Rio de Janeiro, 10 de maio de 2022. Disponivel em: **https://oglobo.globo.com/brasil/exonerado-por-bolsonaro-alfredo-sirkis-diz-que-brasil-precisa-de-uma-lava-jato-do-desmatamento-23656390**. Acesso em 22 de julho de 2022.

BARBI, F.; REI, F. "Federalism and Climate Governance in Brazil". *In*: JODOIN, S., SETZER, J. (orgs.). *Climate Change and Federal Governance*. Cambridge University Press. [no prelo].

BECK, U. *A Metamorfose do Mundo*: Novos conceitos para uma nova realidade. Zahar Ed. Rio de Janeiro, 2018.

BETSILL, M. M.; BULKELEY, H. "Looking back and thinking ahead: A decade of cities and climate change research". *In*: *Local Governments* 12(5): 447–456, 2007.

DUNLAP, R.; BRULLE, R. 2015. *Climate Change and Society. Sociological Perspectives*. New York: Oxford University Press, 2015.

ESTEVO, J. S. *Riscos e Mudanças Climáticas*: Os casos de Brasil e China (2011-2019). Tese de Doutorado. Instituto de Filosofia e Ciências Humanas, Unicamp, 2021.

FERREIRA, L. C.; BARBI, F.; BARBIERI, M. "What Do We Want to Be When We Grow Up? The Political Dimensions of Climate Change in Brazil, China and Mozambique". *In*: IORIS, A. A. R. (ed.) *Environment and Development Challenges, Policies and Practices*. Palgrave Macmillian. 2021.

FERREIRA, L. C.; BARBI, F.; BARBIERI, M. (orgs.). *Dimensões Humanas das Mudanças Climáticas no Sul Global*. Fapesp. CRV Editora. Curitiba, 2020.

FERREIRA, L. C. "The multi-level governance challenge of climate change in Brazil". *In*: *The Cambridge Handbook of Environmental Sociology*. Eds. Bell, M;Carolan, M; Legun, K and Keller, J. Cambridge University Press.

FERREIRA, L. (org). *O Desafio das mudanças climáticas. Os casos Brasil e China*. Brazil: Paco Editorial, 2017.

GUIMARÃES, R. "O mundo pós-Covid, distopia ou solidariedade?". *In*: *Jornal da UNICAMP*. Janeiro. Campinas, 2022.

INSTITUTO BRASILEIRO DE GEOGRAFIA E ESTATÍSTICA. *Censo 2010*. Disponível em: **https://cidades.ibge.gov.br**.

INPE. *Relatório de Pesquisa*. 2021.

IPCC. "Summary for Policymakers". *In*: *Climate Change 2021*: The Physical Science Basis. Contribution of Working Group I to the Sixth Assessment Report of the Intergovernmental Panel on Climate Change [Masson-Delmotte, V., P. Zhai, A. Pirani, S.L. Connors, C. Péan, S. Berger, N. Caud, Y. Chen, L. Goldfarb, M.I. Gomis, M. Huang, K. Leitzell, E. Lonnoy, J.B.R. Matthews, T.K. Maycock, T. Waterfield, O. Yelekçi, R. Yu, and B. Zhou (eds.)]. Cambridge University Press, Cambridge, United Kingdom and New York, NY, USA, pp. 3–32, doi:10.1017/9781009157896.001, 2021.

NOBRE, C. A. *Amazônia 4.0: As biofábricas de Carlos Nobre começam a sair do papel*. Reset Avisa, 2021.

RELATÓRIO DO FÓRUM ECONÔMICO MUNDIAL. 2022.

SEEG. Emissões Totais. Disponível em: **https://seeg.eco.br**. Último acesso em 22/06/2022.

SEIXAS, S. R. C.; HOEFFEL, J. L. M. *Quality of life, Environmental Changes and Subjectivity. A contribution to a New Line of Research on Climate Change*. Cham: Palgrave/Springer Nature Cham, 2021.

WINKLER, H.; BAUMERT, K. O.; BLANCHARD, S. Burch; ROBINSON, J. "What factors influence mitigative capacity?" *In*: *Energy Policy* 35(1): 692–703, 2007.

WORLD BANK. *Climate Risk Profile*: Brazil. The World Bank Group. 2021. Disponível em: **https://climateknowledgeportal.worldbank.org/sites/default/files/2021-07/15915-WB_Brazil%20Country%20Profile-WEB.pdf**.

AÇÃO E OBSTRUÇÃO CLIMÁTICA NA ARGENTINA: A VISÃO DE ATORES GOVERNAMENTAIS, DA SOCIEDADE CIVIL E DO MUNDO EMPRESARIAL

Lucas Christel
Ricardo Gutiérrez
Elisabeth Mohle

Introdução

Instrumentos de cooperação internacional sobre o clima, como a Convenção-Quadro das Nações Unidas sobre Mudança do Clima (1992), o Protocolo de Kyoto (1997) e o Acordo de Paris (2015), estabeleceram que a possibilidade de limitar o aumento da temperatura da Terra depende do comprometimento de todas as nações em reduzir suas respectivas emissões nacionais de gases de efeito estufa (GEE) (Bueno, 2021). Isso exige processos multissetoriais de transição energética e de descarbonização, implementados por meio de políticas públicas conduzidas por Estados nos níveis nacional e subnacional.

Na América Latina, a abordagem do fenômeno apresenta algumas particularidades que a diferenciam de outras regiões. Em primeiro lugar, há uma necessidade urgente de desenvolvimento como forma de melhorar as condições dignas de vida para toda a população, o que tensiona a sempre complexa relação entre crescimento econômico e meio ambiente. Em segundo lugar — e relacionado a isso — a matriz produtiva da região (e particularmente a de exportações) é fortemente baseada em recursos naturais. Em terceiro lugar, a região tem uma participação relativamente minoritária nas emissões globais (entre 7 e 10%). Em quarto lugar, há certa fragilidade institucional que frequentemente limita a capacidade de alcançar os objetivos para os quais as políticas são desenhadas (Brinks *et al.*, 2020).

Diversos recursos naturais disponíveis nos países latino-americanos são fundamentais para o sucesso da luta climática global: minerais como lítio e cobre são centrais para o avanço da eletromobilidade; o gás e o elevado potencial hidrelétrico configuram-se como oportunidades no contexto da transição energética e na produção de hidrogênio verde; ecossistemas como a Amazônia são centrais devido à sua capacidade de captura de carbono; e as atividades agrícolas fornecem tanto alimentos quanto biocombustíveis.

As políticas climáticas, assim como as políticas ambientais em geral (Alcañiz; Gutiérrez, 2022), geram efeitos distributivos. As particularidades da América Latina acrescentam tensões específicas às estratégias de descarbonização em cada país. Aspectos como o peso dos setores agrícola ou de hidrocarbonetos na estrutura produtiva impactam de forma distinta na configuração dos atores, das visões, dos discursos e das políticas nacionais. No caso específico da Argentina, identifica-se um cenário — por vezes contraditório — no qual políticas ambiciosas em termos de ação climática[1] coexistem com uma forte pressão para ampliar a exportação de recursos naturais como

1. Por exemplo, destaca-se o compromisso ambicioso de reduzir as emissões de GEE até 2030, estabelecido na Contribuição Nacionalmente Determinada (NDC) de 2020; a expansão da capacidade instalada de energias renováveis, que passou a representar aproximadamente 15% da geração elétrica; a institucionalização de um gabinete interministerial sobre mudança do clima; e a apresentação de um plano de adaptação e mitigação às mudanças climáticas com horizonte até 2030, elaborado de forma articulada entre todas as áreas substantivas do governo.

fonte de divisas, com o objetivo de superar a restrição externa, recuperar o crescimento econômico e melhorar os indicadores sociais.

Os estudos sobre o peso da configuração dos atores nas políticas ambientais são amplos e detalhados (Alcañiz; Gutiérrez, 2022). Especificamente, pesquisas como as de Mildenberger (2020) e Stokes (2020) analisaram o papel e as estratégias dos diferentes atores nas políticas climáticas e nas estratégias de descarbonização dos Estados nacionais. Ainda que haja avanços específicos e até algumas tentativas de teorização do problema (Cann; Raymond, 2018; Nerlich, 2010; Poortinga *et al.*, 2011), menos atenção tem sido dedicada ao estudo dos atores que buscam obstruir ou postergar o avanço das políticas climáticas — especialmente no caso dos países latino-americanos.

Neste capítulo, buscamos responder como os diferentes atores percebem o avanço das ações climáticas e as estratégias de obstrução climática na Argentina. Argumentamos que a maioria dos atores percebe que o progresso da ação climática no país é incipiente, carece de abrangência e coordenação, e que as principais estratégias de obstrução estão relacionadas ao lobby econômico contrário a políticas específicas, em um contexto de disputas narrativas onde a agenda climática é frequentemente colocada em oposição às necessidades de crescimento econômico.

Este capítulo integra o projeto "Clashes in Paradise: Development Models and Climate Obstruction in Argentina and Brazil", financiado pela Brown University e pela Climate Social Science Network (CSSN). Embora o projeto tenha como foco os diferentes tipos de reações negativas à ação climática, este capítulo apresenta os resultados de um estudo exploratório sobre as percepções de informantes-chave a respeito da ação e da obstrução climática na Argentina. Nós conduzimos um estudo de caso singular com base em metodologia qualitativa, com o objetivo de explorar as percepções de distintos atores sobre o estado atual da agenda climática e as estratégias de obstrução no país.

Para a realização da pesquisa exploratória, entre setembro de 2022 e junho de 2023, realizamos 21 entrevistas semiestruturadas com informantes-chave selecionados, provenientes do campo ambiental em sentido amplo. Essa seleção nos permite captar as vozes mais relevantes na formulação, no desenho, na implementação e na difusão das ações climáticas.

As entrevistas foram conduzidas a partir de um questionário com 15 perguntas abertas, divididas em três blocos. O primeiro bloco investigava a visão normativa do entrevistado sobre a relação entre agenda climática e desenvolvimento, o papel do Estado e os principais desafios climáticos do país. A segunda parte incluía perguntas específicas sobre como o entrevistado percebia o papel de diferentes atores no avanço ou retrocesso da agenda climática. O terceiro bloco aprofundava-se na existência de estratégias de obstrução.

As entrevistas foram codificadas a partir dos seguintes eixos: atores relevantes, discursos sobre ação climática e estratégias de obstrução. A partir dessa estruturação, desenvolveu-se um trabalho analítico de natureza descritiva, que oferece um panorama geral das percepções dos informantes-chave entrevistados sobre a ação e a obstrução climática na Argentina.

O capítulo está organizado da seguinte forma: primeiramente, apresentamos os conceitos-chave que fundamentam nossa análise — ação climática, negacionismo e obstrução. Em seguida, em seções distintas, contextualizamos brevemente o caso argentino e introduzimos os principais resultados da análise das entrevistas. Por fim, nas conclusões, retomamos os principais achados do trabalho e apontamos possíveis linhas para pesquisas futuras.

Ação climática, negacionismo e obstrução

A ação climática pode ser compreendida como qualquer tipo de política, iniciativa ou programa que vise à redução de gases de efeito estufa, à implementação de estratégias de adaptação frente às mudanças climáticas, ou que busque financiar e/ou apoiar tais iniciativas (Climate Groundswell, ND). Essa definição não se limita exclusivamente a ações concretas, sendo ampla o suficiente para incluir disputas narrativas, bem como a formulação de problemas e/ou soluções para a questão climática.

Em seguida, é preciso discutir dois tipos de reações negativas à ação climática: o negacionismo e a obstrução. O negacionismo está relacionado especificamente ao objeto da ação climática. O que se nega, em última instância, é a própria existência das mudanças climáticas como fenômeno natural e/ou sua origem antropogênica. Nos últimos anos, a literatura tem dedicado atenção significativa ao estudo do negacionismo climático. No entanto, identificamos certa falta de clareza e precisão conceitual em torno do termo e de suas principais implicações, já que os conceitos de ceticismo, oposição ('*contrarianism*', em inglês) e negacionismo costumam ser utilizados como sinônimos intercambiáveis (Nerlich, 2010). Alguns estudos têm buscado categorizar esses diferentes tipos de atitudes frente às mudanças climáticas.

Poortinga *et al.* (2011) distinguem três tipos de ceticismo em relação às mudanças climáticas: ceticismo quanto à existência, à atribuição e aos impactos. No primeiro caso, as dúvidas referem-se à existência do aquecimento global como um fenômeno em curso. O segundo tipo questiona seu componente antropogênico. Já o terceiro nega a nocividade dos impactos das mudanças climáticas. De forma semelhante, Cann e Raymond (2018) diferenciam duas formas principais de ceticismo. A primeira é de natureza epistêmica e questiona as mudanças climáticas enquanto fenômeno físico e científico. A segunda, denominada "*response skepticism*", expressa dúvidas quanto à eficácia das ações e respostas propostas frente às mudanças climáticas.

Outros estudos analisam as conexões entre o negacionismo climático e ideias neoliberais, enfatizando que tais atores tendem a identificar o conhecimento científico — em especial o das ciências climáticas — como uma ameaça à liberdade econômica, quando utilizado para reordenar as relações entre economia e meio ambiente (Almiron *et al.*, 2022; Brulle, 2014; Dunlap; Jacques, 2013).

Diferentemente do negacionismo, as estratégias de obstrução constituem reações negativas ao avanço da ação climática que não questionam nem o aquecimento global enquanto fenômeno climático, nem sua origem antropogênica. Nesse sentido, a obstrução climática é compreendida como qualquer esforço intencional de excluir ou bloquear iniciativas de ação climática. O esforço intencional refere-se a ações específicas — inclusive narrativas discursivas — realizadas por um ator ou grupo de atores com o objetivo de obstruir a ação climática por meio de pressão sobre autoridades estatais ou outros atores interessados na mitigação e/ou adaptação às mudanças climáticas. Essa forma de conceber a obstrução climática permite captar tanto estratégias pontuais de determinados atores quanto ações sustentadas ao longo do tempo. Assim, a obstrução a uma ação climática pode corresponder a uma estratégia esporádica, pontual e específica, enquanto ações que envolvem bloqueios permanentes costumam indicar a continuidade no tempo das estratégias de obstrução.

O caso argentino

A Argentina é um país de renda média localizado no sul do continente americano. Sua ampla extensão territorial lhe confere vastos e diversos recursos naturais. O país consolidou um modelo de desenvolvimento no qual as atividades ligadas aos recursos naturais — em especial a agricultura e, de forma crescente, os hidrocarbonetos — desempenham um papel central na estrutura produtiva e na pauta exportadora. No entanto, também se observa um desenvolvimento industrial significativo, com destaque para os setores de alimentos e bebidas, químicos e automotivo (ver Figura 1). Esse cenário produtivo se reflete, ainda que parcialmente, na distribuição setorial das emissões, conforme ilustrado na Gráfico 1.

FIGURA 1. **Valor adicionado bruto por ramo de atividade econômica (2021)**[2]

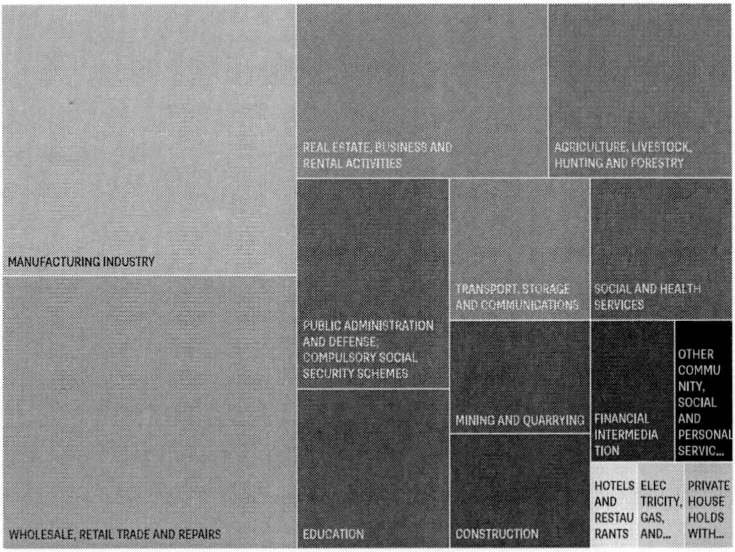

FONTE: Elaborado pelos autores com base em dados do INDEC (2025a)

---

2. Os principais setores destacados são: indústria de transformação (20%), comércio atacadista e varejista e reparos (20%), atividades imobiliárias, empresariais e de aluguel (11%), administração pública e defesa (8%), educação (6%), construção (4%), mineração e extração (4%), transporte, armazenagem e comunicações (5%), agricultura, pecuária, caça e silvicultura (8%), serviços sociais e de saúde (5%), intermediação financeira (3%), hotéis e restaurantes (1%) e outros serviços comunitários, sociais e pessoais.

GRÁFICO 1. **Contribuição setorial para as emissões (2016)**[3]

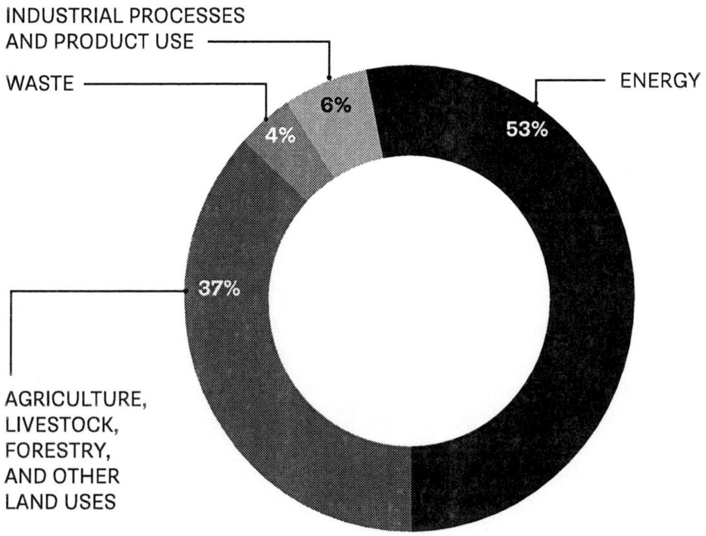

FONTE: Elaborado pelos autores com base no Inventário Nacional de Gases de Efeito Estufa (Moreira Muzio, 2019)

Os setores com maior contribuição para as emissões não correspondem exatamente àqueles que mais contribuem para o valor adicionado nacional. No entanto, ao se considerar a composição das exportações, observa-se uma correspondência mais próxima, especialmente no que se refere ao setor agropecuário, como mostra a Figura 2.

3. Os dados estão organizados da seguinte forma: Energia (53%), agricultura, pecuária, silvicultura e outros usos da terra (37%), processos industriais e uso de produtos (6%) e resíduos (4%).

FIGURA 2. **Composição setorial das exportações (2021)**[4]

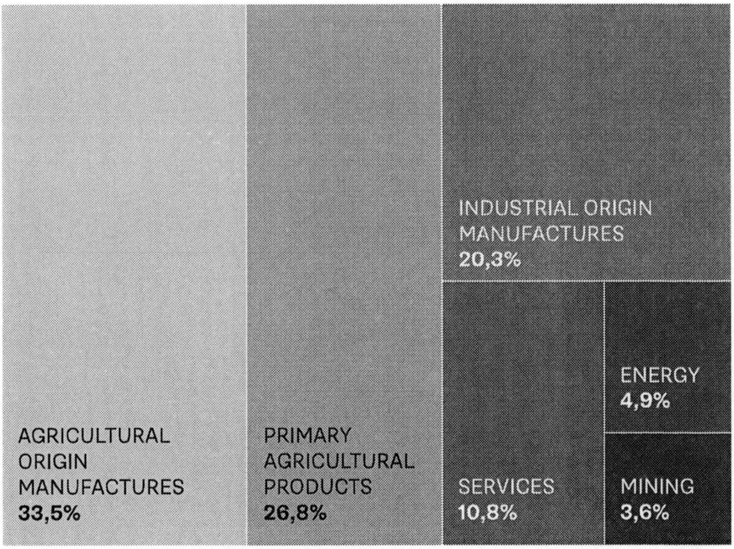

FONTE: Elaborado pelos autores com base em dados do INDEC (2025b)

Essa estrutura produtiva envolve uma série de desafios de ordem econômica, social, territorial e ambiental. O cumprimento dos compromissos assumidos no Acordo de Paris exige um esforço significativo de descarbonização em todos os setores produtivos, com destaque para os setores de energia e agricultura. Dada a grande importância relativa desses setores na estrutura produtiva e exportadora argentina, eles se colocam como um dos principais desafios no processo de descarbonização do país.

4. Os produtos classificados como manufaturas de origem agropecuária representam 33,5% do total, seguidos por produtos agropecuários primários (26,8%), manufaturas de origem industrial (20,3%), serviços (10,8%), energia (4,9%) e mineração (3,6%).

Percepções sobre ação climática e obstrução na Argentina

Para apresentar os principais resultados da nossa análise, começamos focando na opinião de cada grupo de atores sobre diferentes partes interessadas e, em seguida, resumimos suas respostas em torno dos problemas, narrativas e soluções relacionadas à ação climática. Por fim, destacamos as principais percepções sobre as estratégias de obstrução climática no país.

PERCEPÇÕES SOBRE OS ATORES

Com relação ao Estado, há um consenso geral sobre a importância de seu papel na liderança do processo de transição e sobre as dificuldades que enfrenta para cumprir essa tarefa.

Entrevistados do setor ambiental entendem que o Estado deve ter um papel de liderança na condução da estratégia de transição, assim como no controle e regulação da economia. Mas, ao mesmo tempo, veem o Estado como fraco e, mesmo reconhecendo que algumas áreas se empenham no avanço da agenda climática, percebem que essas áreas têm pouca força.

Entrevistados da mídia também entendem que o Estado deve assumir a liderança no avanço das ações climáticas:

> O setor privado pode e deve promover medidas. Mas o Estado é quem deve canalizar essas discussões e pressionar o setor privado a realizar a transição (Informante do setor de mídia 1, 2022).

Como era de se esperar, os entrevistados do próprio Estado também acreditam que ele deve liderar a ação climática. Mas, surpreendentemente, eles também apontam a ausência de sinais claros dentro do próprio Estado e destacam uma grande disparidade entre os diferentes níveis de governo e entre áreas administrativas. Reforçando o diagnóstico de fragilidades mencionado pelos informantes-chave do setor ambiental, afirmam que falta força para a ação climática.

Entrevistados do meio acadêmico também atribuem um papel central ao Estado e o entendem como a arena onde ocorre a disputa sobre como a transição deve ser conduzida.

> O Estado desempenha um papel central no processo de transição, ao estabelecer a agenda e a direção da estratégia de desenvolvimento. No entanto, não acredito que essa discussão esteja clara para a elite política e, por isso, o Estado argentino é um cenário de disputa de concepções, interesses e prioridades distintos sobre o que deveria ser a agenda da transição. (Informante do setor acadêmico 1, 2022).

Quando perguntados mais especificamente sobre os atores políticos, todos os entrevistados apontam a falta de liderança e de compreensão, ao longo de todo o espectro político, quanto à importância da agenda climática — com exceção dos setores mais radicalizados da direita e da esquerda. Enquanto a esquerda defende a incorporação da ação climática à agenda política, um líder da extrema-direita nega a importância das mudanças climáticas como um problema.

Ambientalistas entrevistados afirmam que nenhum líder político se destaca, nem positiva nem negativamente, em relação à ação climática — com exceção de Javier Milei (líder do partido de direita La Libertad Avanza), um ator contrário ao avanço da agenda climática. Ainda assim, concordam que ele é uma figura de pouca relevância nos debates sobre clima.

Da mesma forma, informantes-chave da mídia não percebem grandes diferenças entre o partido governista (Frente de Todos, centro-esquerda) e a principal oposição (Juntos por el Cambio, centro-direita). Embora não observem um rechaço político direto à agenda climática, consideram que ela está em segundo plano:

> Houve um grande avanço na inserção da agenda climática na política, o que se reflete na legislação e nas discussões em nível político. Mas, se não fosse pelo impulso da sociedade civil, haveria um atraso ainda maior do setor político em relação à agenda climática. Isso se deve a uma série de fatores, como a falta de capacitação por parte do poder político e a dificuldade de mudar a agenda em um país acostumado a outro tipo de problema — o de lidar com crises socioeconômicas frequentes (Informante do setor de mídia 1, 2022).

O diagnóstico dos informantes-chave do Estado é semelhante: eles entendem que nenhum ator político está tratando a questão como prioridade, pois sempre surgem outras urgências, e a importância do tema ainda não é plenamente compreendida. Por fim, do ponto de vista dos entrevistados acadêmicos, não há grandes diferenças entre os atores políticos, exceto por algumas nuances entre as duas principais coligações (Juntos por el Cambio e Frente de Todos), que abordam o tema com suas marcas ideológicas. Um dos entrevistados argumenta que, dentro da coligação de centro-esquerda, há uma disputa sobre como a transição deve ser, enquanto na coligação de centro-direita há uma captura corporativa.

Há também uma coincidência generalizada entre todos os setores de que o partido de esquerda (Frente de Izquierda y los Trabajadores, FIT) assume e apoia a questão climática de forma mais integral, enquanto o espaço de direita de Javier Milei parece ser contra. No geral, a maioria dos informantes-chave concorda que os avanços na agenda se devem mais à pressão social do que à iniciativa e ao compromisso dos atores partidários.

As percepções sobre os atores econômicos apresentam visões divergentes. Embora quase todos os entrevistados identifiquem ações empresariais contrárias à ação climática quando os interesses setoriais são afetados, também mencionam a exposição à internacionalização, que força as empresas a adotarem a agenda, mesmo antes que exigências regulatórias surjam no país.

Entre os ambientalistas entrevistados, há um certo consenso de que o papel dos principais setores econômicos (agricultura, energia, mineração) tem sido de oposição à agenda climática, com um forte lobby contra qualquer tipo de política ambiental ambiciosa. Ao mesmo tempo, eles afirmam que esses setores são necessários para a transição, mas estão tão "super-ideologizados" que, em muitos casos, obstruem políticas que não são tão contrárias aos seus interesses.

> O papel dos principais setores econômicos (agricultura, energia, mineração) tem sido completamente contraproducente, com um forte lobby contra qualquer tipo de política ambiental ambiciosa. (Informante do setor ambiental 1, 2022).

Os entrevistados do setor de mídia veem o setor privado de forma um pouco diferente, especialmente as empresas internacionalizadas, que estão mais interessadas na agenda climática do que o setor estatal e os líderes políticos:

> A agenda climática chegou a muitas empresas antes do Estado, pois, em muitos casos, setores econômicos que exportam para outros países viram a necessidade de se adaptar à questão. (Informante do setor de mídia 1, 2022).

Informantes-chave do setor público expressam uma visão combinada: as empresas só se ajustam às exigências ambientais quando isso é conveniente para elas. No entanto, as empresas internacionalizadas já são exigidas a realizar a transição e, por isso, estão na vanguarda.

Em linha com os informantes-chave do setor ambiental, os entrevistados acadêmicos dão maior ênfase às posições corporativas com capacidade para influenciar ou determinar decisões de políticas públicas:

> Existe um setor corporativo muito forte na Argentina que sabemos ser o responsável por pressionar uma parte importante das decisões políticas. (Informante do setor acadêmico 2, 2022).

O maior consenso é encontrado no setor acadêmico. Para todos os entrevistados, há um diagnóstico de falta de conexão entre a academia e as necessidades sociais e produtivas do país, devido tanto à ausência de convocatórias externas quanto à falta de disposição para se envolver.

Em relação ao ambientalismo, há um acordo geral entre os entrevistados sobre seu crescente destaque nos últimos anos, bem como sobre sua heterogeneidade e a dificuldade que isso implica para a articulação de uma narrativa consensual e forte. Os ambientalistas entrevistados se veem como um setor diverso, composto por muitas visões diferentes. Eles não veem nisso uma força, mas sim a falta de um discurso unificado e da capacidade de atrair a população em geral.

Informantes-chave da mídia concordam que existem tensões dentro do setor ambiental quanto à agenda a ser promovida ou à narrativa a ser estabelecida, embora apontem que o ambientalismo cresceu muito na última década e conseguiu se posicionar como um interlocutor válido.

> O ambientalismo cresceu muito na última década na Argentina, conseguiu se posicionar de forma muito forte, especialmente no setor jovem, e acredito que hoje se estabeleceu como um interlocutor válido. Mas há tensões dentro do setor em relação à agenda a ser promovida ou à narrativa a ser definida. Isso não ajuda muito em termos de discurso e definição da agenda. (Informante do setor de mídia 1, 2022).

Os entrevistados do setor público veem o ambientalismo como desconectado das necessidades do país. No entanto, começam a percebê-lo como mais atento à situação econômica.

As percepções sobre a mídia tendem a ser negativas. Os entrevistados concordam que, embora a cobertura das questões climáticas tenha aumentado nos últimos anos, ainda não há reconhecimento de uma abordagem abrangente do tema. Os ambientalistas entrevistados têm uma visão ambivalente da mídia: por um lado, afirmam que as questões climáticas são mal comunicadas, mas, por outro lado, há espaços abertos na mídia para a comunicação ambiental, embora continuem sendo nichos e com pouco tempo para elaboração.

Informantes-chave da mídia veem algum progresso na comunicação ambiental na mídia, mas afirmam que ainda é um tema setorial que não é abordado de forma transversal. Os entrevistados do setor público concordam que há falta de uma comunicação séria e transversal comprometida com o tema nos grandes meios de comunicação, embora seja apreciado que alguns meios menores tenham assumido a liderança.

As respostas da academia mencionam que os discursos negacionistas das mudanças climáticas têm quase nenhuma presença na mídia argentina e que o tratamento das questões climáticas tende a estar mais relacionado à ocorrência de eventos internacionais, à Conferência das Partes (COP) ou a emergências ambientais ou climáticas, sem a capacidade de alcançar um tratamento *mainstream*.

> Existem alguns trabalhos que mostram que os discursos negacionistas das mudanças climáticas têm quase nenhuma presença na mídia impressa argentina e que o tratamento das questões climáticas tende a estar mais relacionado à ocorrência de eventos internacionais, à COP ou à ocorrência de eventos de emergência ambiental (Informante do setor acadêmico 2, 2022).

PERCEPÇÕES SOBRE PROBLEMAS, SOLUÇÕES E NARRATIVAS

Em relação aos principais desafios da agenda climática na Argentina, de forma geral, todos os entrevistados identificam uma série de elementos que limitam o progresso da ação climática e/ou favorecem o contexto para os esforços de obstrução climática.

Para os ambientalistas entrevistados, o principal desafio é que a difícil situação econômica, assim como a demanda internacional por hidrocarbonetos, permite a construção de uma narrativa do gás como combustível de transição e como ferramenta para aliviar as dificuldades econômicas:

> A situação macroeconômica global e nacional, em decorrência do conflito russo-ucraniano, da crise energética e da crise da dívida que estamos atravessando, é um enorme desafio para a agenda climática, pois fortalece narrativas de que as políticas extrativistas devem ser aprofundadas para aumentar as exportações e pagar a dívida. Toda essa narrativa é completamente contraproducente para a agenda socioambiental e para a possibilidade de pensar em transições verdadeiramente transformadoras (Informante do setor ambiental 1, 2022).

Informantes-chave do setor de mídia sustentam que o principal desafio está no fato de que o Estado mal consegue garantir uma certa continuidade entre gestões e áreas de atuação, falhando em estabelecer uma estratégia clara sobre transição energética e agenda climática.

Entrevistados do setor estatal diagnosticam uma falta de conscientização pública e política, além da ausência de informação e de financiamento por parte do Estado para implementar a agenda climática.

> Não há financiamento suficiente para dar conta do compromisso assumido. Há um compromisso ambicioso, mas o financiamento — seja internacional ou local, público ou privado — não é mobilizado em torno dessa agenda (Informante do setor estatal 2, 2022).

Por fim, os informantes-chave do setor acadêmico apontam para a falta de articulação entre as políticas de desenvolvimento econômico e a perspectiva climática, enfatizando que as questões climáticas ainda não estão integradas de forma transversal às estratégias mais amplas de desenvolvimento. Um dos entrevistados destaca a ausência de espaço institucional e político para imaginar e debater alternativas, inclusive tecnológicas, que possam sustentar uma transição climática mais ambiciosa e coerente.

> Acredito que podemos ter opções mesmo dentro das mesmas lógicas de desenvolvimento, por exemplo, pensando na questão da restrição externa. No Conselho Consultivo de Mudança do Clima, por exemplo, foi proposto apenas um cenário de maior gaseificação, quando poderia ter sido considerada a alternativa de um cenário com mais eletrificação por meio de renováveis, para reduzir o peso da gaseificação — que é justamente a direção para a qual o mundo está indo [...] Penso que se trata de um problema de status quo, ligado a uma visão corporativa muito forte na Argentina, associada ao setor petroleiro e industrial (Informante do setor acadêmico 2, 2022).

Sobre a relação entre desenvolvimento e agenda climática, há quase um consenso geral de que ambos devem caminhar juntos — tanto pelo bem da Argentina quanto para apoiar as políticas internacionais.

Entre os entrevistados do setor ambiental, surge uma ampla dispersão de respostas sobre esse ponto. Enquanto um entrevistado afirma que não é necessário que haja uma vinculação entre os dois temas, outro argumenta que falta uma discussão fundamental sobre o que significa desenvolvimento e progresso, e um terceiro sustenta que ambas as questões precisam, indiscutivelmente, estar articuladas no debate.

> Uma coisa não tem nada a ver com a outra. Isso é ideologia. Essa é uma narrativa de que, para nos desenvolvermos como sociedades, precisamos destruir tudo. E é uma narrativa bastante perniciosa, que levou o mundo inteiro ao ponto de colapso. Precisamos encontrar outras formas de viver como sociedades humanas, permitindo que a natureza retorne. Esse é o problema da narrativa (Informante do setor ambiental 2, 2022).

> Está começando a haver um debate de fundo, que é realmente sobre como pensamos o desenvolvimento e como definimos o progresso (Informante do setor ambiental 4, 2022).

> Em muitos casos, parece que há um divórcio entre uma coisa e outra, mas o nosso desenvolvimento econômico precisa estar enquadrado dentro da política global de descarbonização. Temos um espaço (para desenvolver), mas não é um espaço infinito (Informante do setor ambiental 3, 2022).

Informantes-chave do setor da mídia concordam com essa última perspectiva: ambas as agendas devem estar conectadas. O mesmo é entendido por funcionários públicos entrevistados, ou seja, a agenda climática e a agenda de desenvolvimento devem ser centrais uma para a outra.

Da mesma forma, os entrevistados da academia entendem que as duas agendas são inseparáveis, embora alguns atores possam perceber a agenda ambiental como um risco econômico.

> Existe uma percepção entre certos atores da elite política e econômica na Argentina de que há possibilidades de articular uma agenda de desenvolvimento econômico com proteção ambiental de baixo carbono. Mas essa visão ainda não é a predominante; a visão predominante do setor produtivo — e fundamentalmente no setor agropecuário — é, na verdade, perceber a agenda climática como uma ameaça (Informante do setor acadêmico 1, 2022).

PERCEPÇÕES SOBRE A OBSTRUÇÃO CLIMÁTICA

Os entrevistados foram questionados tanto sobre o negacionismo climático quanto sobre a obstrução na Argentina. As respostas sobre a existência de negacionismo convergiram em torno da figura do político de direita Javier Milei, da La Libertad Avanza, que já fez declarações contrárias à ação climática. No entanto, os entrevistados enfatizaram que as questões climáticas não ocupam um lugar central em seu discurso político mais amplo.

Aqueles do setor ambiental, em geral, não consideram o negacionismo uma preocupação relevante na Argentina. Ainda assim, um dos entrevistados observou que "talvez os negacionistas não sejam visíveis no discurso, mas na prática agem como tais", sugerindo que a obstrução pode assumir formas mais implícitas.

> Se você está se referindo a campanhas ativas de desinformação ou grupos que querem instaurar o negacionismo climático, acho que ainda não temos esse problema sério, porque ainda não demos o primeiro passo. Então, por enquanto, não vejo isso como algo tão organizado (Informante do setor ambiental 1, 2022).

Entre os informantes-chave da mídia, entende-se que, em muitos casos, as falhas na comunicação climática podem ser mais devido à ignorância e/ou falta de formação do que a uma vontade ativa de promover uma agenda negacionista. Os entrevistados do setor público afirmam que o único setor negacionista é a extrema-direita e que a principal preocupação em relação a esse espaço político é a falta de compromisso democrático. Os entrevistados da academia também compartilham a preocupação com Milei e o espaço da extrema-direita, mas, dado que parece não haver um grupo econômico cujos interesses ele possa representar em particular, ele não é considerado um fator tão relevante no momento.

> O que me preocupa é que Milei está tentando se posicionar politicamente a partir de uma postura adversária e negacionista das mudanças climáticas. Isso chama atenção porque, entre os atores políticos argentinos, geralmente é possível discutir os termos, mesmo com divergências. Até então, não havia uma posição abertamente negacionista. Comparado ao

> Brasil, aqui os setores agrícola e de hidrocarbonetos têm forte presença nas duas coalizões tradicionais, e eu não sei até que ponto Milei poderia exercer uma representação diferenciada desses interesses (Informante do setor acadêmico 1, 2022).

Quando questionados sobre o obstrucionismo na Argentina, a primeira coisa a se notar é que o termo não ressoa muito com os entrevistados, então as respostas às perguntas relacionadas devem ser interpretadas com cautela. Os entrevistados do setor ambiental identificam a narrativa que foca na crise econômica e praticamente 'força' a extração de recursos (particularmente energia e mineração) para exportação como a ação mais obstrutiva. Ao mesmo tempo, identificam que certos atores excessivamente ideologizados realizam ações obstrutivas mesmo sem serem tão afetados e enfrentam um estado fraco, sem a força necessária para impulsionar a agenda:

> Uma das maneiras pelas quais eles atuam como bloqueadores é instalando uma narrativa onde parece que essa é a única alternativa para o desenvolvimento econômico, e outros tipos de desenvolvimento são omitidos. Essas narrativas são baseadas em atividades que são históricas na Argentina, cidades foram fundadas sobre o petróleo... Tudo isso gerou uma espécie de feedback positivo que nos faz sempre seguir o mesmo caminho (Informante do setor ambiental 3, 2022).

> Se uma empresa fala sobre sustentabilidade, mas sua principal atividade é *fracking* e oleodutos para transportar gás e fazer negócios com o Estado, não importa o que você diga, você está contribuindo para a crise planetária [...] (Informante do setor de mídia 2, 2022).

> Essas narrativas são instaladas para continuar com o modelo atual, baseado em premissas que não são verdadeiras. Por exemplo, já se dá como certo que vamos extrair o máximo de hidrocarbonetos que podemos, porque é a última chance.

> Isso é extremamente problemático porque, em geral, isso não implica que os problemas de desigualdade, crise econômica ou acesso à energia a nível nacional serão resolvidos, porque muito disso será exportado. Então, isso me parece um problema muito importante, porque impede de se falar ou discutir alternativas (Informante do setor ambiental 1, 2022).

Informantes-chave da mídia argumentam que não há obstrução, se entendida como bloquear intencionalmente medidas de ação climática apenas para impedi-las, mas que há obstrução no sentido de não ser suficientemente ambicioso.

> Depende de como definimos obstrução. Se entendermos como bloquear intencionalmente medidas de ação climática apenas para impedi-las, eu diria que não. Mas temos obstrução no sentido de não sermos suficientemente ambiciosos (Informante do setor de mídia 1, 2022).

Os entrevistados do setor público acreditam que ninguém se opõe abertamente à agenda, pois isso traria um alto custo negativo para a reputação, mas que há um sinal muito claro quando certas leis não podem ser aprovadas devido a alguns atores que atuam fortemente para obstruir o progresso da legislação.

> Explicitamente, ninguém age contra a agenda climática porque isso é muito custoso. Mas, fazer lobby contra uma lei sobre contêineres ou zonas úmidas acaba bloqueando a agenda ambiental climática (Informante do setor estatal 2, 2022).

Por fim, informantes-chave da academia detectam um forte lobby do agronegócio, particularmente dos setores de pecuária e energia, para evitar mudanças ou políticas que os afetem. Mas também afirmam que é necessário diferenciar obstrução da discussão sobre o que é ou como deve ser a transição e se existe ou não um direito ao desenvolvimento.

> Uma definição muito vaga do termo 'obstrução' não nos permite ver a diferença nas nuances do que está sendo discutido. Por exemplo, situações que não são contra o avanço de uma agenda de ação climática, mas que têm uma percepção diferente de sustentabilidade ou de para onde a agenda de transição deveria ir (Informante do setor acadêmico 1, 2022).

Conclusões

Embora este seja um estudo exploratório, o trabalho realizado permite destacar certos achados e identificar elementos que merecem maior aprofundamento. Primeiro, constatamos que a maioria dos atores percebe que o avanço da ação climática na Argentina é incipiente e carece de abrangência e coordenação. Em segundo lugar, os entrevistados tendem a concordar que o negacionismo climático não é uma preocupação relevante no país. Embora a figura de Javier Milei apareça como alguém contrário à agenda climática, ele não é visto como um ator particularmente envolvido com a questão. Esse é um achado interessante que distingue a Argentina de outras experiências, como o Brasil ou os Estados Unidos, onde o avanço da agenda climática é desafiado não apenas por estratégias obstrucionistas, mas também por fortes discursos negacionistas (Boulianne; Belland, 2022; Hochsprung Miguel, 2020). Ponto importante, as entrevistas foram conduzidas antes da eleição de Javier Milei à presidência da República.

Em terceiro lugar, as principais estratégias de obstrução climática estão relacionadas ao lobby econômico contra políticas específicas, em um contexto de disputas narrativas, onde a questão climática se confronta com as necessidades de crescimento econômico. Os entrevistados não percebem uma narrativa obstrucionista que opere de forma linear e permanente contra a agenda climática. Apesar disso, é possível identificar dois mecanismos específicos que conectam as narrativas com a obstrução climática. Primeiro, há uma disputa narrativa sobre como a transição deveria ser na Argentina. Vários dos entrevistados identificam a existência de uma narrativa muito forte na qual certas atividades são consideradas necessárias e indispensáveis para resolver os problemas econômicos estruturais do país.

Complementarmente, informantes-chave dos setores ambiental e acadêmico afirmam que uma contranarrativa a essas ideias ainda não foi consolidada com força suficiente para disputar tal discurso. Por sua vez, essa falta de força está ligada à fragmentação do setor ambiental e à ausência de um diagnóstico unificado sobre os desafios da agenda climática e suas relações com o desenvolvimento econômico. Em segundo lugar, praticamente todos os entrevistados identificaram que práticas de lobby setoriais ligadas a eventos ou políticas específicas são as estratégias centrais através das quais diferentes atores econômicos buscam prevenir, postergar ou amenizar regulamentações climáticas que prejudicariam diretamente seus interesses.

Há pelo menos três elementos que precisam ser explorados com mais detalhes nos futuros avanços desta agenda de pesquisa. Primeiro, é necessário um conhecimento mais sistemático do lobby setorial contra a ação climática. Nesse sentido, as vozes dos atores econômicos serão indispensáveis, não apenas para conhecer a percepção do setor produtivo, mas também para entender como as práticas, visões e narrativas desse ator lidam com os desafios da ação climática. Segundo, é necessário um esforço teórico e empírico para incorporar as diferenças entre as estratégias de obstrução climática e negacionismo, a fim de alcançar uma melhor compreensão de como essas estratégias funcionam e quais são seus efeitos. Por fim, mas não menos importante, também seria relevante investigar as razões pelas quais os discursos negacionistas não são identificados como um problema relevante na Argentina.

REFERÊNCIAS

ALCAÑIZ, Isabella; GUTIÉRREZ, Ricardo. *The Distributive Politics of Environmental Protection in Latin America and the Caribbean*. Cambridge, Cambridge University Press, 2022.

ALMIRON, Nuria, RODRIGO-ALSINA, Miguel; MORENO, Jose. "Manufacturing ignorance: Think tanks, climate change and the animal-based diet". *In*: *Environmental Politics*, 31(4), 576-597, 2022.

BOULIANNE, Shelley; BELLAND, Stephanie. "Climate denial in Canada and the United States". *In*: *Canadian Review of Sociology/Revue Canadienne de Sociologie*, 59(3), 369-394, 2022.

BRINKS, Daniel; LEVITSKY, Steven; MURILLO, María Victoria. (Eds.). *The politics of institutional weakness in Latin America*. Cambridge, Cambridge University Press, 2020.

BRULLE, Robert. "Institutionalizing delay: Foundation funding and the creation of U.S. climate change counter-movement organizations". *In*: *Climatic Change*, 122(4), 681-694, 2014.

BUENO, María del Pilar. "Desafíos de la orquestación de la gobernanza climática multilateral 2015-2021". *In*: *Difusiones*, 20(20), 119-139, 2021.

CANN, Heather; RAYMOND, Leigh. "Does climate denialism still matter? The prevalence of alternative frames in opposition to climate policy". *In*: *Environmental Politics*, 27(3), 433-454, 2018.

DUNLAP, Riley; JACQUES, Peter. "Climate Change Denial Books and Conservative Think Tanks: Exploring the Connection". *In*: *American Behavioral Scientist*, 57(6), 699-731, 2013.

HOCHSPRUNG, Miguel, Jean Carlos. "Negacionismo climático no Brasil". *In*: *Coletiva*, 27, 2020.

INSTITUTO NACIONAL ESTADÍSTICA Y CENSOS. *Generación del ingreso e insumo de mano de obra*. 2025a. Disponível em: **https://www.indec.gob.ar/indec/web/Nivel4-Tema-3-9-49**.

INSTITUTO NACIONAL ESTADÍSTICA Y CENSOS. *Complejos exportadores*. 2025b. Disponível em: **https://www.indec.gob.ar/indec/web/Nivel4-Tema-3-2-39**.

MILDENBERGER, Matto. *Carbon captured*: How business and labor control climate politics. Cambridge, The MIT Press, 2020.

MOREIRA MUZIO, Macarena. *Inventario Nacional de Gases de Efecto Invernadero*: Argentina-2019. 1ª ed. — Ciudad Autónoma de Buenos Aires: Secretaría de Ambiente y Desarrollo Sustentable dela Nación, 2019.

NERLICH, Brigitte. "Climategate: Paradoxical Metaphors and Political Paralysis". *In*: *Environmental Values*, 19(4), 419-442, 2010.

POORTINGA, Wouter; SPENCE, Alexa; WHITMARSH, Lorraine; CAPSTICK, Stuart; PIDGEON, Nick. (2011). "Uncertain climate: An investigation into public scepticism about anthropogenic climate change". *In*: *Global Environmental Change*, 21(3), 1015-1024, 2011.

STOKES, Leah. *Short circuiting policy*: Interest groups and the battle over clean energy and climate policy in the American states. Oxford, Oxford University Press, 2020.

PARTE 3

ECOPOLÍTICA MUNDIAL E AÇÃO COLETIVA

O PRINCÍPIO DAS 'RESPONSABILIDADES COMUNS, PORÉM DIFERENCIADAS' NO ÂMBITO DOS ACORDOS CLIMÁTICOS GLOBAIS

Henrique dos Santos Pereira
Myriam Lopes
Ademar R. Martins de Vasconcelos

Introdução

Este ensaio versa sobre a origem e a evolução do Princípio do direito ambiental internacional denominado de "Responsabilidades Comuns, porém Diferenciadas" (RCPD), ao longo das conferências de meio ambiente da ONU, e mais especificamente, sobre sua aplicação, evolução e impactos nos resultados práticos das negociações da Convenção-Quadro das Nações Unidas sobre a Mudança do Clima – UNFCCC.

Desde a sua promulgação, dois Acordos Climáticos já entraram em vigor: o Protocolo de Quioto e o Acordo de Paris. O Protocolo de Quioto foi adotado em 11 de dezembro de 1997 e entrou em vigor em 16 de fevereiro de 2005. O Protocolo vinculava apenas os países desenvolvidos, pois se reconhecia que aqueles países seriam os grandes responsáveis pelos atuais altos níveis de emissões de GEE na atmosfera. Em seu Anexo B, o Protocolo de Quioto estabeleceu metas obrigatórias de redução de emissões para 37 países industrializados e economias em transição e para a União Europeia. No geral, essas metas somavam uma redução média de 5% nas emissões em comparação com os níveis de 1990, durante o período de cinco anos: 2008–2012 (o primeiro período de compromisso). Em 2012, a Emenda de Doha ao Protocolo de Quioto foi adotada para um segundo período de compromisso, começando em 2013 e durando até 2020.

Considerado uma evolução do seu antecessor, o Acordo de Paris foi adotado em 2015 e entrou em vigor em já em 2016. Seu objetivo primordial é manter "o aumento da temperatura média global bem abaixo de 2 °C acima dos níveis pré-industriais" e buscar esforços "para limitar o aumento da temperatura a 1,5 °C acima dos níveis pré-industriais". O Acordo de Paris é um marco no processo multilateral de negociações da mudança climática porque, pela primeira vez, um acordo vinculante reúne todas as nações para combater a mudança climática e se adaptar a seus efeitos. Desde 2020, os países devem apresentar seus planos nacionais de ação climática, conhecidos como contribuições determinadas nacionalmente (NDCs). Em suas NDCs, os países comunicam as ações que tomarão para reduzir suas emissões de gases de efeito estufa a fim de atingir as metas do Acordo de Paris.

Seria razoável pleitear que os aperfeiçoamentos na aplicação do Princípio possam, ou mesmo deveriam, ter influenciado a efetividade do acordo climático (Kuyper; Schroeder; Linnér, 2018). Isso seria possível de se avaliar mediante a comparação entre os resultados alcançados pelos países do Protocolo de Quioto e a soma dos compromissos nacionalmente determinados dos países do Acordo de Paris. Para proceder à avaliação proposta, este ensaio está dividido em três partes: (i) Origem do Princípio RCDP no Direito Internacional e suas abordagens; (ii) Análise comparada da leitura do Princípio RCDP no Protocolo de Quioto e no Acordo de Paris; e (iii) Análise da efetividade dos Acordos Climáticos considerando-se a soma das reduções alcançadas ou pretendidas em relação ao total necessário para a mitigação da mudança climática global.

Origem do Princípio RCDP no Direito Internacional e suas abordagens

Considerada como o marco inaugural do Direito Ambiental Internacional, a Conferência de Estocolmo, de 1972, lançou o fundamento desse novo direito ao estabelecer em seu Princípio 21 que:

> Os Estados têm o direito soberano de explorar os seus recursos de acordo com a sua política ambiental e têm a obrigação de se assegurarem de que as atividades levadas a cabo dentro de suas jurisdições ou sob o seu controle não prejudiquem o meio de outros Estados ou o de zonas situadas fora das jurisdições nacionais (ONU, 1973).

Além de já indicar que em questões ambientais, a soberania dos estados-nação é relativizada, a mesma declaração já clama por diferenciar as responsabilidades. É o que se depreende da leitura do Princípio 23 da Declaração de Estocolmo que estabelece que:

> Será sempre indispensável considerar os sistemas de valores prevalecentes em cada país e discutir a aplicabilidade de certas normas que possam ser válidas para os países mais avançados, porém inadequadas ou de alto custo social para os países em desenvolvimento (ONU 1973).

O Princípio 23 serve de contraponto ao que parecia ser a tese defendida pelos países desenvolvidos, segundo a qual caberia a extensão do "*droit d'ingérence*" (direito de ingerência), ou "*devoir d'ingérence*" (dever de ingerência), para a questões ambientais (do Lago, 2007). Nesse sentido, caberia a aplicação da condição de 'massacre ambiental' aos países em desenvolvimento que apresentassem uma crise ou emergência ambiental de modo a se justificar a limitação da soberania do país em questão, caso este não parecesse capaz de defender sua população ou preservar o meio ambiente.

Essa tese colonialista retornou ao debate internacional e mais uma vez com a polarização entre países desenvolvidos e os em desenvolvimento, pela ocasião da assinatura da Declaração de Haia de 1989, quando Michel Rocard, então Primeiro-Ministro da França, fez a acusação pública de que o "Brasil não é capaz de cuidar da Amazônia". Contudo, não é de todo claro e explícito que a Declaração de Haia, inclusive assinada pelo Brasil, contivesse a tese da Soberania relativizada. Em seu Princípio (a), a declaração demanda a criação de uma nova autoridade institucional, com decisões fortemente vinculantes e que puder ser "*effective even if, on occasion, unanimous agreement has not been achieved*". De fato, os signatários se submetem ao controle da Corte Internacional de Justiça, pelo que declaram no Princípio (c) quanto às medidas apropriadas para a efetiva implementação e observância da pretendida nova autoridade institucional. No Brasil, a resposta do governo federal foi a criação do Programa Nossa Natureza. Nome pelo qual ficou conhecido o "Programa de Defesa do Complexo de Ecossistemas da Amazônia Legal" (Decreto No. 96.944/88), que marcou o início da intervenção estatal programática do governo federal para o combate ao desflorestamento na Amazônia, após o fim da ditatura militar.

Assim como outros princípios do direito ambiental internacional, o Princípio RCPD só veio a ser instituído pela Declaração do Rio sobre Meio Ambiente e Desenvolvimento, de junho de 1992, que em seu Princípio 7 estabelece que "os Estados têm responsabilidades comuns, mas diferenciadas". Em uma leitura mais atenta do princípio denota-se que na diferenciação das responsabilidades devem ser consideradas, também, as respectivas capacidades.

O Princípio RCPD está sob a regência de Princípios basilares que o antecede que são o Princípios da Equidade: Necessidade, Responsabilidade, Capacidade e Igualdade. O Princípio da Necessidade requer que os mais pobres sejam isentos de contribuir para a ação climática porque atender às suas necessidades básicas tem prioridade moral. O Princípio da Responsabilidade conecta as obrigações das partes em lidar com as mudanças climáticas ao grau em que as causaram. O Princípio da Capacidade estabelece que aqueles que podem contribuir mais do que outros para resolver o problema climático devem fazê-lo. Finalmente, e talvez o mais controverso de todos, o Princípio da Igualdade que resulta da crença de cada ser humano (cada país) tem igual valor e, portanto, deve ter direitos iguais. Aqueles países (ou empresa, indivíduos) em posições iguais deveriam contribuir igualmente para resolver o problema (Dooley *et al.*, 2021). Assim, a avaliação da evolução do Princípio RCPD no âmbito do Acordo Climático Global, deve se pautar por essas quatro componentes principiológicas.

Existem muitas abordagens que podem ser encontradas na literatura sobre como dividir os esforços de redução das emissões de gases de efeito estufa (GEE), algumas delas categorizadas de acordo com os princípios de equidade, ou seja, conceitos gerais de justiça distributiva ou imparcialidade. Para analisar o caso dos compromissos nacionais de redução de emissões de GEE, os estudos conduzidos por Höhne, Elzenc e Escalante (2013) geraram cenários que foram agrupados em sete categorias que permitem a comparação das propostas substancialmente diferentes para alocar licenças de emissão. Muitas das abordagens propostas se baseiam em uma ou mais dimensões básicas: responsabilidade, capacidade, igualdade e custo-efetividade (Figura 1).

FIGURA 1. **Categorias de abordagem para repartição de esforços para redução de GEE**

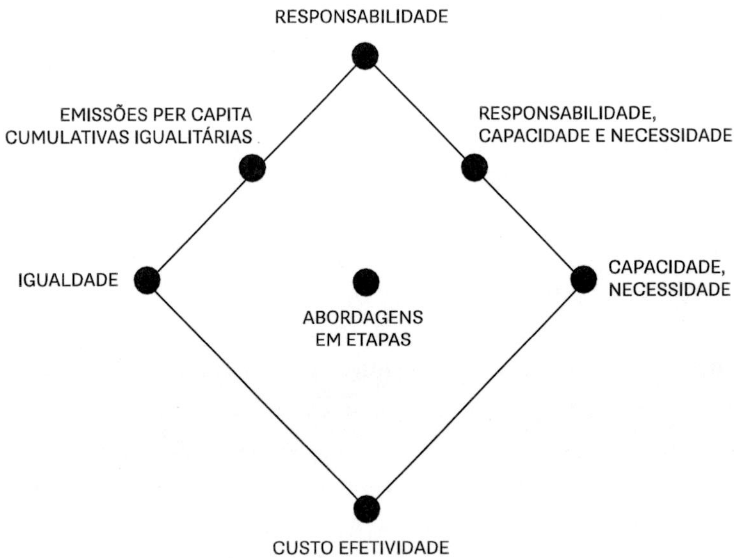

FONTE: Adaptado de Höhne, Elzenc e Escalante (2013)

A dimensão das Responsabilidades diz respeito à contribuição histórica para as emissões globais ou aquecimento. Está incluída em muitas abordagens como um elemento, e sua origem é frequentemente considerada o Artigo 3 da UNFCCC (que afirma que os países devem agir com base em 'responsabilidades comuns, mas diferenciadas e respectivas capacidades', CBDR-RC). O fato de alguns dos países em desenvolvimento virem assumindo compromissos ambiciosos e conseguindo reduzir suas emissões ao passo que países desenvolvidos, além de compromissos pouco ambiciosos, virem aumentando substancialmente suas emissões, parece levar em direção ao exaurimento do principal argumento que os países em desenvolvimento possuem, que é o da responsabilidade histórica (Ferreira; Souza; Correa, 2022).

A dimensão da Capacidade, também chamada de 'capacidade de pagar pela mitigação', tem sua origem também frequentemente considerando-se sua referência no Princípio 1 listado no Artigo 3 da UNFCCC:

> The Parties should protect the climate system for the benefit of present and future generations of humankind, on the basis of equity and in accordance with their common but differentiated responsibilities and respective capabilities. Accordingly, the developed country Parties should take the lead in combating climate change and the adverse effects thereof (ONU, 1992, p. 9).

O princípio das 'necessidades básicas', também conhecido como 'direito ao desenvolvimento', também foi considerado nesta categoria porque poderia ser considerado uma expressão especial do princípio da capacidade — os países menos capazes poderiam ter um esforço de redução menos ambicioso para garantir suas necessidades básicas.

Quanto ao princípio da igualdade, Höhne, Elzenc e Escalante (2013) avaliam que muitas abordagens são baseadas em direitos iguais por pessoa, o que se traduz em licenças de emissão iguais por pessoa, imediatamente ou ao longo do tempo. Já nas abordagens que consideram a Efetividade de custo, observa-se que seus proponentes alocam metas de redução de emissões (em parte) com base no potencial de mitigação ou custo-efetividade. Por exemplo, as emissões poderiam ser reduzidas em cada país na medida em que os custos marginais de reduções adicionais fossem os mesmos em todos os lugares (como por exemplo, aplicando-se um imposto de carbono igual em um modelo econômico). Na abordagem em painel tríptico há elementos de custo-efetividade já que para aqueles países com altas emissões específicas (ou seja, alto potencial de reduções) o esforço de redução seria maior. Essa abordagem foi utilizada como base para a repartição dos esforços de redução de emissões do primeiro período de compromisso do Protocolo de Quioto na União Europeia (Phylipsen *et al.*, 1998).

Análise comparada da leitura do Princípio RCDP

O Protocolo de Quioto foi primeiro acordo que instituiu as responsabilidades de redução das emissões dos gases do efeito estufa — GEE. Esse Acordo internacional ligado à Convenção, tinha poder vinculante, isto é, obrigava os países a adotarem metas de redução de emissões de GEE. Adotado na COP de Quioto em 1997 e em vigor a partir de 2005, seu primeiro período de compromisso começou em 2008 e terminou em 2012. Durante aquele primeiro período de compromisso, 37 países industrializados e a Comunidade Europeia (o que não inclui o Brasil), os chamados países do Anexo I, comprometeram-se a reduzir as emissões de gases de efeito estufa para uma média de cinco por cento em relação aos níveis de 1990. Os Estados Unidos não ratificaram o Acordo e o Canadá se retirou do Acordo em 2012. As maiores reduções relativas da ordem de -8% caberiam aos países da União Europeia e mais Bulgária, República Checa, Estônia, Letônia, Liechtenstein, Lituânia, Mônaco, Romênia, Eslováquia, Eslovênia, Suíça. Aos EUA, o segundo maior compromisso, caberia a redução em -7%. Canadá, Hungria, Japão e Polônia deveriam reduzir suas emissões em -6%. Os demais países deveriam manter os seus níveis, como seria o caso de Nova Zelândia, Federação Russa e Ucrânia, ou limitar o crescimento em 1% e 8%, sendo esses os compromissos da Noruega e da Austrália, respectivamente (Tabela 1).

O Acordo de Paris foi adotado por ocasião da 21ª Conferência das Partes (COP21) com a meta principal de manter o aumento da temperatura média global em bem menos de 2 °C acima dos níveis pré-industriais e de envidar esforços para limitar o aumento da temperatura a 1,5 °C acima dos níveis pré-industriais. De modo distinto ao regime do Protocolo de Quioto, no novo Acordo, cada país estabelece seus próprios compromissos, a partir das chamadas Pretendidas Contribuições Nacionalmente Determinadas (iNDC, na sigla em inglês) como contribuição de redução de emissões dos GEE.

TABELA 1. **Lista de países com metas a cumprir segundo o Protocolo de Quioto**

PAÍS DO ANEXO I (1990 – 2008/2012)	META
UE-15*, Bulgária, República Checa Estônia, Letônia, Liechtenstein, Lituânia, Mônaco, Romênia, Eslováquia, Eslovênia, Suíça.	-8%
EUA**	-7%
Canadá***, Hungria, Japão, Polônia	-6%
Nova Zelândia, Federação Russa, Ucrânia	0
Noruega	+1%
Austrália	+8%
Islândia	+10%

*15 países que compõem a União Europeia. **Os Estados Unidos não ratificaram o acordo. ***O Canadá se retirou do acordo em dezembro de 2012.

O Acordo já conta com a adesão 191 Partes e 164 NDCs já haviam sido depositadas em 30 de julho de 2021. A soma desses compromissos corresponde a 93,1% do total de emissões globais em 2019, o que equivale à 52,4 Gt CO2 eq sem LULUCF. A comparação da leitura do Princípio das RCPD entre cada um dos dois acordos permite identificar que houve mudanças significativas na aplicação do Princípio quando da transição do Protocolo de Quioto para o Acordo de Paris. Ao contrário do anterior, o novo acordo não é vinculante, porém, ao depositarem seus compromissos voluntariamente, as partes assumem suas responsabilidades. Desse modo, as iNDCs embora sejam disposições que refletem as circunstâncias nacionais das Partes, revelam um caráter vinculativo a partir do momento em que são assumidas internacionalmente pelos Estados e remetidas em documento oficial ao Secretariado da Convenção para registro geral (Balduino, 2022). É universal, enquanto o antigo se aplicada a um grupo restrito de países.

Não há compensações previstas no novo acordo que, finalmente, passou a contemplar o setor das Florestas Nativas com seu mecanismo de REDD+ (Reduções de Emissões por Degradação e Desflorestamento). Por fim, a maior inovação tenha sido o estabelecimento de um 'alvo climático' que nortearia o esforço global.

Análise da efetividade dos Acordos Climáticos

A efetividade do Protocolo de Quioto pode ser avaliada comparando-se o desempenho de cada país individualmente, já que não havia um alvo global. Por exemplo, se uma nação tinha uma meta de -10%, mas as suas emissões aumentaram em 10% , o resultado era de -20%, se tivesse uma meta de 5%, mas conseguiu reduzir em 15% o país terá um resultado de +10%. Dos países do Anexo 1, dezesseis não alcançaram suas metas, sendo o Canadá o país com o pior desempenho. De outro lado, vinte e um países cumpriram e ultrapassaram suas metas, sendo a Ucrânia o país com o melhor resultado relativo; esse grupo incluiu Portugal (Gráfico 1).

Ainda que não se possa avaliar a efetividade do Acordo de Paris, estudos independentes com o que é conduzido pela iniciativa Climate Action Tracker[1]1, avalia que a quase totalidade dos compromissos são insuficientes, ou seja, as políticas e compromissos climáticos do país em questão são inconsistentes com o limite de temperatura de

1. O Climate Action Tracker é um projeto científico independente que rastreia a ação climática dos governos nacionais e a mede em relação ao objetivo globalmente acordado do Acordo de Paris de "manter o aquecimento bem abaixo de 2 °C e buscar esforços para limitar o aquecimento a 1,5 °C ". Trata-se de uma colaboração entre duas organizações: Climate Analytics e New Climate Institute. Ver: https://climateactiontracker.org/countries.

GRÁFICO 1. **Fracassos (vermelho) e sucessos (azul) dos países segundo o protocolo de Quioto. variação percentual entre 1990 e 2010**

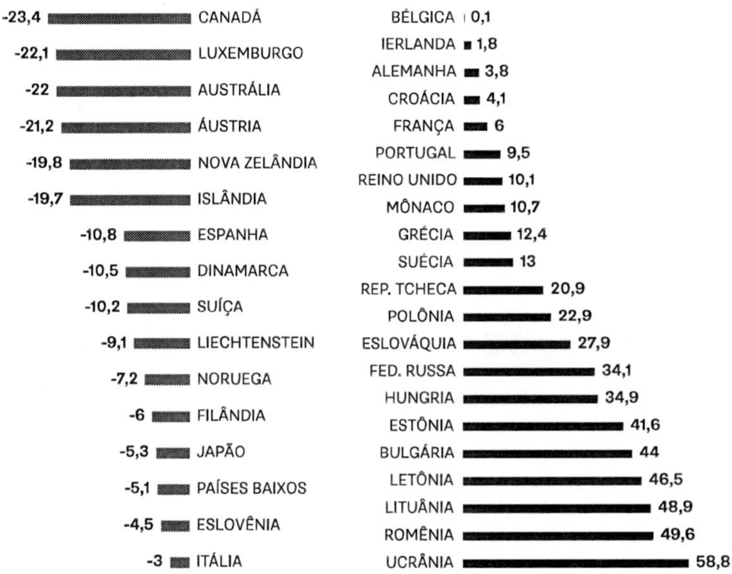

FONTE: Adaptado de Clark (2012)

1,5 °C do Acordo de Paris. A classificação '1,5 °C compatível com o Acordo de Paris' indica que as políticas e compromissos climáticos de um país são consistentes com o limite de temperatura de 1,5 °C do Acordo de Paris. No entanto, nenhum dos países avaliados foi classificado nessa categoria.

A escala de classificação proposta pelo CAT inclui 5 níveis. A classificação 'Quase suficiente' indica que as políticas e compromissos climáticos de um país ainda não são consistentes com o limite de temperatura de 1,5 °C do Acordo de Paris, mas podem apresentar melhorias moderadas. A classificação 'Insuficiente' indica que as políticas e compromissos climáticos de um país precisam de melhorias substanciais para serem consistentes com o limite de temperatura de 1,5

°C do Acordo de Paris. A classificação 'Altamente insuficiente' indica que as políticas e compromissos climáticos de um país não são consistentes com o limite de temperatura de 1,5 °C do Acordo de Paris. Para muitos países nessa categoria, as políticas e compromissos levam ao aumento, ao invés da queda das emissões. A classificação 'Criticamente Insuficiente' indica que as políticas e compromissos climáticos de um país refletem mínima ou nenhuma ação e não são consistentes com o Acordo de Paris. Segundo a ordenamento proposto pelo CAT, o compromisso brasileiro estaria na categoria 'Altamente insuficiente'.

Avaliações oficiais da ONU, recentes como a do Relatório Síntese das NDCs até julho de 2021 (UNFCCC, 2021), indicam que poderá haver uma estabilização das emissões em 2030. As principais conclusões do relatório são: (1) O nível global total de emissões em 2030 será 16,3% maior que em 2010; (2) O ideal é que fosse 45% menor e zero líquido em torno de 2050; (3) Há necessidade urgente de um aumento significativo no nível de ambição das NDCs entre agora e 2030; e (4) As emissões líquidas zero[2] de GEE são um pré-requisito para que o aquecimento seja detido em qualquer nível.

Conclusão

Pode-se concluir que a UNFCCC reforça o ideário da Soberania Responsável e se distancia dos conflitos provocados pelas acepções favoráveis à Soberania Relativizada. A nova leitura do PRCD representou um avanço no atendimento aos princípios da equidade: Necessidade, responsabilidade, capacidade e igualdade. No entanto, ainda não produziu o resultado esperado em direção ao atingimento da meta climática do Acordo de Paris.

BALDUINO, M. C. de J. M. "O acordo de Paris e a mudança paradigmática de aplicação do princípio da responsabilidade comum, porém diferenciada". *In*: *Revista Digital Constituição e Garantia de Direitos*, [S. l.], vol. 13, no. 1, pp. 172–188, 2020. Disponível em: **https://periodicos.ufrn.br/constituicaoegarantiadedireitos/article/view/21571**. Acesso em: 30 jun. 2023.

CLARK, Ducan. Has the Kyoto protocol made any difference to carbon emissions? *The Guardian*, novembro de 2012. Disponível em: **https://www.theguardian.com/environment/blog/2012/nov/26/kyoto-protocol-carbon-emissions**.

DO LAGO, André Aranha Corrêa. *Estocolmo, Rio, Joanesburgo*: o Brasil e a três conferências ambientais das Nações Unidas. Thesaurus Editora, 2007.

DOOLEY, Kate *et al.* "Ethical choices behind quantifications of fair contributions under the Paris Agreement". *In*: *Nature Climate Change*, vol. 11, no 4, pp. 300-305, 2021.

FERREIRA, A. F.; SOUZA, D. da S.; CORREA, O. N. "A mitigação do princípio das responsabilidades comuns, mas diferenciadas, no direito ambiental internacional/ The principle of common but differentiated responsibilities' mitigation in international environmental law". *In*: *Brazilian Journal of Development*, vol. 8, nº. 4, pp. 26225–26241, 2022. **https://doi.org/10.34117/bjdv8n4-230**.

HÖHNE, Niklas; DEN ELZEN, Michel; ESCALANTE, Donovan. "Regional GHG reduction targets based on effort sharing: a comparison of studies". *In*: *Climate Policy*, vol. 14, no. 1, pp. 122-147, 2014.

ONU. "Stockholm Declaration and Action Plan for the Human Environment". 1973. Disponível em: **https://documents-dds-ny.un.org/doc/UNDOC/GEN/NL7/300/05/IMG/NL730005.pdf?OpenElement**.

ONU. "United Nations Framework Convention on Climate Change". Disponível em: **https://unfccc.int/files/essential_background/background_publications_htmlpdf/application/pdf/conveng.pdf.**

UNFCCC. "Nationally determined contributions under the Paris Agreement Synthesis report by the secretariat". 2021. Disponível em: **https://unfccc.int/sites/default/files/resource/cma2021_08E.pdf.**

PHYLIPSEN, G. J. M., BODE, J. W., BLOK, K., MERKUS, H., & METZ, B. "A Triptych sectoral approach to burden differentiation: GHG emissions in the European bubble". *In*: *Energy policy*, vol. 26, no. 12, pp. 929-943, 1998.

KUYPER, J., SCHROEDER, H., & LINNÉR, B. O. "The Evolution of the UNFCCC". *In*: Annual Review of Environment and Resources, 43, 343-3, 2018.

CAPITALOCENO EM CRISE: OS INTERESSES DE ESTADOS UNIDOS E UNIÃO EUROPEIA NA PARCERIA DE LÍDERES PARA FLORESTAS E CLIMA

Diogo Ives

Introdução

O nível de atenção que florestas vêm recebendo atualmente em debates políticos na ONU é um dos maiores na história de quase 80 anos da instituição. Em 2021, na COP-26 do Clima realizada em Glasgow, 140 países e a União Europeia assinaram a Declaração de Líderes de Glasgow sobre Florestas e Uso da Terra, na qual se comprometeram a diminuir e reverter a perda de florestas no mundo até 2030, por meio de desenvolvimento sustentável, com vistas a contribuir para o objetivo do Acordo do Clima de Paris de limitar o aquecimento global a 2ºC até o fim do século XXI. Durante o evento, cerca de US$ 19,2 bilhões de dólares foram anunciados para esses esforços pelos cinco anos seguintes, oriundos de fontes públicas e privadas. Os países signatários da declaração reúnem 90% das florestas do mundo (COP-26, 2021).

No ano seguinte, durante a COP-27 do Clima, realizada em Sharm el-Sheik, 26 países e a União Europeia lançaram a Parceria de Líderes para Florestas e Clima. Trata-se de uma plataforma que pretende facilitar a aplicação dos recursos anunciados no ano anterior e apresentar publicamente, nas COPs do Clima daquele ano e dos quatro seguintes, um balanço do quanto foi investido, onde e em quais projetos de gestão florestal sustentável (COP-26, 2022). No primeiro balanço, apresentado na COP-27, a Parceria de Líderes informou que 1/5 dos recursos públicos prometidos já foram investidos e que mais US$ 4,5 bilhões foram angariados de fontes públicas e privadas (FLCP, 2022). A iniciativa será presidida por Estados Unidos e Gana inicialmente. Ela reúne países que somam 33% da área florestal do mundo e 60% do PIB global (COP-26, 2022).

Neste capítulo, buscamos apresentar variáveis políticas e teóricas que ajudam a entender o advento da Parceria de Líderes. A segunda seção do texto, a seguir, expõe uma breve análise da Declaração de Glasgow e de documentos relacionados à Parceria de Líderes, a fim de salientar as particularidades das duas iniciativas. Em seguida, a terceira seção investiga o interesse de Estados Unidos e União Europeia em patrocinarem a Parceria de Líderes à luz de documentos sobre economia e defesa publicados pelo país, pelo bloco, pelo G7 e pela Organização do Tratado do Atlântico Norte (OTAN), nos últimos anos. O G7, enquanto fórum econômico, e a OTAN, enquanto bloco militar, reúnem Estados Unidos e potências europeias em ações de cooperação nos dois temas em análise. Passando para a teoria, a quarta seção sintetiza os entendimentos de Jason Moore sobre regimes ecológicos de acumulação capitalista. Por fim, a última seção se vale da teoria de Moore para interpretar os interesses de Estados Unidos e União Europeia em patrocinarem a Parceria de Líderes para Florestas e Clima.

O debate recente sobre florestas na ONU

Em novembro de 2011, foi realizada a COP-26 do Clima, em Glasgow, reunindo os países signatários da Convenção-Quadro das Nações Unidas para as Mudanças Climáticas, de 1992. No evento, foi lançada a Declaração de Líderes de Glasgow sobre Florestas e Uso da Terra, com apoio de 140 países e a União Europeia. Trata-se de uma declaração política que "continua uma tendência de décadas em tratar a proteção florestal com compromissos voluntários" (Abdenur, 2021, p. 11, tradução nossa), sem prever *benchmarks*, indicadores ou processos específicos a serem implementados pelos signatários. Entretanto, uma análise do conteúdo da declaração ajuda a entender o contexto particular em que formulada e o grande apoio político que recebeu.

Os países signatários da declaração "conclamam todos os líderes a juntar forças para uma transição sustentável no uso da terra" (ONU, 2021b, s.p., tradução nossa). O sentido dessa transição fica claro quando se observa que, entre os seis objetivos elencados no documento, quatro deles ressaltam a promoção de uma agricultura sustentável: o objetivo nº 2 inclui a busca por uma produção sustentável de *commodities*; o nº 3, por uma agricultura sustentável e lucrativa; o nº 4, por uma agricultura sustentável que promova segurança alimentar; e o nº 5, por uma agricultura sustentável financiada por uma variedade de recursos públicos e privados (ONU, 2021b).

A Declaração de Glasgow trata essencialmente, pois, de agricultura comercial. Sua ênfase recai na produção de comida e, mais especificamente, no desejo de se associar florestas a este tipo de atividade econômica. O preâmbulo da declaração situa tal esforço no pano de fundo do combate às mudanças climáticas, posto que "se almeja um balanço entre emissões de gases de efeito estufa antropogênicos e remoção por sumidouros" (ONU, 2021b, s.p., tradução nossa). Em outros termos, a declaração atribui à agricultura florestal o potencial de estimular plantações que, ao mesmo tempo, capturem CO_2 da atmosfera e sejam lucrativas para os setores produtivo e financeiro. O fato de tantos países do Norte e do Sul terem endossado tal visão sugere um interesse complementar de se aumentar a produção e o comércio agrícola no mundo em áreas florestais, possivelmente a fim de auxiliar na superação da crise econômica e da fome que se exacerbaram nos anos de pandemia de Covid-19.

O interesse do setor privado nessa agenda foi manifestado em dois documentos publicados na mesma época. Poucos dias antes da COP-26, as empresas, os governos e as organizações da sociedade civil que haviam assinado a Declaração de Nova York sobre Florestas[1], em 2014, lançaram uma atualização do documento, que reabria a possibilidade de assinaturas e reforçava o chamado para políticas públicas que estimulem um aumento de pagamentos a reduções de emissões de gases de efeito estufa alcançadas pelo setor privado (Paz-Rivera, 2021). Ademais, durante a COP-26, representantes de dez grandes empresas transnacionais de *commodities* (com foco na produção de soja, óleo de palma, cacau e gado) assinaram a Declaração Corporativa de Propósito de Companhias de Commodities Agrícolas, por meio da qual se comprometeram a frear a perda de área florestal nas suas atividades através de parcerias público-privadas. Assim como a Declaração de Florestas de Nova York, a Declaração Corporativa também recebeu apoio do Fórum Econômico Mundial, uma entidade empresarial liderada por grandes transnacionais do Norte (ONU, 2021b).

Finalmente, durante a COP-26, foram feitas promessas de investimento em gestão florestal sustentável: US$ 12 bilhões foram anunciados por entes públicos e US$ 7,2 bilhões por entes privados para o período 2021-2025, somando US$ 19,2 bilhões (ONU, 2021c). Os

1. Em 2014, governos, grandes empresas, bancos, firmas de investimento e setores da sociedade civil, sobretudo do Norte, lançaram a Declaração de Nova York sobre Florestas, articulada pela ONG Climate Advisers em parceria do Fórum Econômico Mundial, entidade empresarial que faz reuniões anuais em Davos, na Suíça (Lang, 2014). A declaração estimula o setor público de todos os países a estruturarem mercados de créditos de carbono, a fim de que o setor privado ganhe incentivos para promover desenvolvimento florestal sustentável (ONU, 2014). No ano seguinte ao anúncio da declaração, foi assinado o Acordo do Clima de Paris, cujo artigo 5º recomenda que países façam uso de REDD+ (ONU, 2015), isto é, programas de Redução de Emissões Decorrentes do Desmatamento e Degradação de Florestas. Grosso modo, programas REDD+ canalizam recursos (de origem pública ou privada), sobretudo do Norte, para projetos de sustentabilidade florestal apresentados por países do Sul.

recursos públicos foram prometidos pela União Europeia e mais 11 países, todos do Norte: Alemanha, Bélgica, Canadá, Coreia do Sul, Dinamarca, Estados Unidos, França, Japão, Noruega, Países Baixos e Reino Unido. Juntos, esses países passaram a conformar o Compromisso de Financiamento Florestal Global, que destinará os recursos para países em desenvolvimento, com atenção especial para a região da Bacia do Congo (ONU, 2021d). Por sua vez, a origem dos recursos privados inclui um grupo de instituições financeiras[2] e uma coalizão de empresas transnacionais[3], com participantes sobretudo sediados no Norte (ONU, 2021c).

Diferentemente dos documentos da COP-26, a Parceria de Líderes para Florestas e Clima, lançada na COP-27, em 2022, não é uma declaração de intenções, mas sim uma plataforma de ação para canalizar os US$ 19,2 bilhões prometidos por entes públicos e privados no ano anterior. A parceria foi anunciada por meio de um comunicado de imprensa publicado no site da COP-26, algumas semanas antes do início da COP-27, no qual o presidente da conferência realizada em

2. Trata-se de entidades reunidas na Finance Sector Deforestation Action Initiative: ACTIAM; AP2; Australian Ethical Investment; Aviva plc; AXA Group; Banco Estado de Chile; Boston Common Asset Management; Capital + SAFI S.A.; Church Commissioners for England; Church of England Pensions Board; Comgest; CPEG; Domini Impact Investments LLC; East Capital Group; Fidelity International; GAM Investments; Generation IM; Grupo Bancolombia; Impax Asset Management PLC; International Business of Federated Hermes; JGP Asset Management; Local Authorities Pension Fund (LAPF); Legal and General Investment Management (LGIM); LGPS Central Limited; Lombard Odier; London CIV; Menhaden PLC; NEI Investments; NN Investment Partners; Robeco; Schroders; SCOR SE; Skandia; SouthBridge Group; Sparebank 1 Forsikring; Storebrand Asset Management; Sumitomo Mitsui Trust Asset Management; TCI Fund Management Ltd. (ONU, 2023).

3. Trata-se de participantes da Lowering Emissions by Accelerating Forest Finance (LEAF) Coalition: Amazon, GSK, Airbnb, BCG, McKinsey, Nestlé, Salesforce, Unilever, Bayer, Eon, PWC, Delta, BlackRock, Burberry, EY, Inditex, Intertek, Sap, Walmart, Landsec, Volkswagen, H&M Group (LEAF Coalition, 2023).

Glasgow, Alok Sharkma, convidou países a aderirem à iniciativa a ser lançada formalmente em Sharm el-Sheik (ONU, 2022). Ainda segundo o comunicado, a Parceria de Líderes buscaria acelerar a implementação do que foi disposto na Declaração de Glasgow para frear e reverter o desmatamento e a degradação florestal no mundo. Para tanto, pretende focar no fomento a mercados de crédito de carbono florestal, fortalecimento de cadeias de abastecimento sustentáveis, avanço de economias florestais com baixa emissão de gases de efeito estufa, defesa de direitos de propriedade fundiária a comunidades locais e povos indígenas e cooperação em desenvolvimento sustentável (ONU, 2022).

Em outros termos, a Parceria de Líderes procura concretizar o objetivo fundamental de Glasgow — uma expansão da produção agroflorestal — por meio do aumento da influência de governos, empresas e entidades financeiras do Norte na gestão de florestas do Sul, cuja capacidade de produzir *commodities* agrícolas com técnicas mais sustentáveis seria elevada através da disponibilização de recursos financeiros, via mercado de carbono, para parceiros públicos e privados interessados. A ideia de que isso gerará cadeias de abastecimento para os membros da parceria indica que as *commodities* produzidas no Sul, por meio de projetos apoiados pela parceria, teriam acesso privilegiado aos mercados do Norte.

O fato de apenas 26 países terem aderido à Parceria de Líderes denota um consenso político muito menor do que o alcançado entre os 141 signatários da Declaração de Glasgow. Pode-se supor que o núcleo-duro da parceria — os 11 países do Norte, mais a União Europeia, que compõem os doadores efetivos de recursos públicos e sediam os principais investidores privados — tenha suscitado cautela entre a maior parte de países do Sul. Afinal, receber recursos do Norte através de projetos ambientais financiados com créditos de carbono florestal pode abrir espaço para um maior controle indireto de terras produtivas da periferia pelo centro, pois poderia afetar decisões sobre que *commodities* elas devem produzir, em qual quantidade, por quem, em qual área geográfica etc. Ademais, se mal monitorados, projetos de intervenção econômica em florestas podem alimentar conflitos fundiários e ampliar problemas ambientais no Sul, como a perda de biodiversidade.

Entretanto, mais notório do que o problema clássico da dependência de países periféricos em relação a países centrais, neste caso, é a disposição de potências do Norte em patrocinarem a Parceria de Líderes, haja vista que elas são tradicionalmente pouco dispostas a atender os pleitos por recursos do Sul no tema da gestão florestal sustentável (Humphreys, 1996, 2006; Smouts, 2003). Nesse caso, é possível suscitar explicações a partir de breves análises de documentos sobre economia e defesa que foram divulgados por autoridades desse grupo, nos últimos anos, e vinculadas ao esforço de combate às mudanças climáticas. Não caberia analisar, neste texto, as políticas dos 12 entes que compõem o núcleo-duro da Parceria de Líderes, porém, convém destacar os casos dos Estados Unidos e da União Europeia, por serem os atores de maior relevância econômica.

Interesses do Norte na parceria de líderes para plorestas e clima

No que concerne economia, um discurso sobre aumento de controle de cadeias de abastecimento ganhou espaço, nos últimos anos, em políticas anunciadas por Estados Unidos e União Europeia que tocam na produção de *commodities* em florestas não apenas para fins de alimentação, mas também de energia. Em 2018, a União Europeia atualizou uma diretiva sobre energias renováveis, por meio da qual estipulou a intenção de aumentar em 3,5%, no mínimo, o uso de biocombustíveis e biogás em transportes até 2030. Essas fontes de energia podem ser produzidas internamente ou importadas, mas devem sempre obedecer a critérios de produção sustentável, especialmente em áreas com grande reserva de carbono, como florestas, pântanos e turfeiras (UE, 2018).

No ano seguinte, o bloco europeu lançou o projeto European Green Deal, que estipula a meta de alcançar a neutralidade de carbono até 2050 e prevê investimentos iniciais de EUR$ 260 bilhões até 2030. Entre as estratégias do projeto, está a From Farm to Fork, que almeja elevar a segurança alimentar do bloco por meio do encurtamento da distância de fornecedores de comida. Prevê-se que esses alimentos devem ser produzidos com critérios de sustentabilidade, os quais, quando bem certificados, poderão render pagamentos a donos de fazendas e florestas, ao passo que, se desrespeitados, enfrentarão dificuldades de circular no mercado do bloco (UE, 2020).

Por sua vez, nos Estados Unidos, o governo Biden anunciou, em 2021, a iniciativa Bild Back Better, que visa a promover investimentos públicos em diversas áreas e aumentar a autonomia do país diante de possíveis pandemias futuras e consequentes rupturas de cadeias internacionais de abastecimento (EUA, 2021). A medida tem o enfrentamento às mudanças climáticas como um eixo central, a ser perseguido por meio do estímulo à produção e utilização de energia renovável e do incremento de recursos para donos de florestas, ranchos e fazendas reduzirem emissões de gases de efeito estufa, entre outros incentivos.

A iniciativa foi aprovada pelo Congresso estadunidense em 2022, na forma do "Inflation Reduction Act". A lei dispõe sobre a concessão de crédito para a produção de comida, incentivos fiscais para a geração de biocombustíveis, fundos para restauração florestal, suporte para a participação de proprietários de floresta em mercados de crédito de carbono, entre outros pontos (EUA, 2022). O conjunto de ações almeja alcançar a neutralidade de carbono dos Estados Unidos em 2050 e prevê mobilizar US$ 370 bilhões em investimentos para tanto até 2030 (EUA, 2023).

No que concerne defesa, os Estados Unidos e as principais potências da União Europeia mantêm cooperação estreita no âmbito da OTAN. Em junho de 2021, poucos meses antes da COP-26 de

Glasgow, o bloco militar divulgou seu primeiro Plano de Ação para Mudanças Climáticas e Segurança (OTAN, 2021). O documento classifica as mudanças do clima global como um problema de segurança crescente para os aliados da OTAN, pois degrada o solo, amplia a fome e a pobreza, aumenta ondas migratórias, exige novas fontes de energia e abre rotas de navegação em locais antes congelados. Diante desses desafios, o bloco se compromete a adaptar as capacidades de suas Forças Armadas a novos contextos climáticos, especialmente através de compras públicas de equipamentos e investimentos em instalações que diminuam suas emissões de gases de efeito estufa. Para cumprir esse objetivo, o plano de ação estabelece que os países da OTAN buscarão cooperar com parceiros externos. Em maio de 2022, essas potências voltaram a enfatizar uma vinculação entre clima e defesa, desta vez no âmbito do G7, fórum de discussão sobre múltiplos temas que reúne Estados Unidos, Canadá, Japão, Alemanha, França, Reino Unido e Itália (todos, exceto a última, integrantes da Parceria de Líderes, que seria lançada alguns meses depois, na COP-27 de Sharm el-Sheik). Em reunião entre os Ministros de Relações Exteriores desses países, foi lançada a Declaração sobre Clima, Meio Ambiente, Paz e Segurança (G7, 2022). O documento destaca que os signatários cooperarão no âmbito multilateral para lidar com as implicações securitárias das mudanças climáticas (inclusive a perda de florestas), aumentarão a oferta de recursos financeiros para esta agenda e trabalharão com países que pensem de modo similar ("*like-minded countries*") (*Ibid.*).

Simultaneamente, a preocupação com as mudanças climáticas se soma a receios da OTAN e do G7 em relação à China e à Rússia. Em junho de 2022, a OTAN definiu seu novo Conceito Estratégico, que estabelece as prioridades da aliança militar para os próximos anos. O documento condena a Rússia pela invasão à Ucrânia (iniciada em fevereiro de 2022); afirma que as ambições declaradas e as políticas coercitivas da China desafiam seus valores e interesses, inclusive no controle de cadeias de abastecimento; classifica as mudanças climáticas como um fenômeno que pode exacerbar competições geopolíticas; e estabelece os objetivos de se preparar para possíveis efeitos das mudanças climáticas (como insegurança alimentar) e investir em fontes e fornecedores de energia que sejam estáveis e confiáveis (OTAN, 2022). Essas posições foram reforçadas pelo G7 em novembro de 2022, por meio de uma nova declaração dos Ministros de Relações Exteriores do grupo, na qual se expõem extensas críticas à Rússia pela invasão da Ucrânia (que teria produzido uma crise global de energia e comida, na medida em que Moscou cortou fornecimentos de petróleo e grãos) e se afirma que o grupo buscaria cooperar com a China apenas "onde for possível e do nosso interesse" (G7, 2022b, s.p.).

Esse conjunto de documentos de economia e defesa sugere que os países do Norte que patrocinam a Parceria de Líderes para Florestas e Clima situam o fomento a investimentos em gestão florestal sustentável no Sul dentro de um contexto maior de competição estratégica com China e Rússia. Em meio à escalada dessa competição nos últimos anos, assegurar áreas agrícolas no Sul que produzam *commodities* para o seu abastecimento de comida e energia parece ter se tornado premente. Trata-se de uma orientação que se afasta da promoção da globalização comercial e do fomento à interdependência econômica, privilegiada desde o final da Guerra Fria por essas potências, e se aproxima do que vem sendo chamado de *re-shoring* (reinternalização da produção econômica), *near-shoring* (localização desta produção em países fronteiriços ou próximos) ou *friend-shoring* (alocação em países aliados), com vistas a evitar interrupções de cadeias de abastecimento, como ocorrido durante a pandemia de Covid-19 e a guerra na Ucrânia (WEF, 2023). Na seção a seguir, exploramos uma formulação teórica do campo da ecologia política crítica que ajuda a entender esse comportamento de potências do Norte, em uma época na qual a sua hegemonia internacional é ameaçada não apenas pela China, mas também por uma crise ambiental global.

Crise do regime ecológico de acumulação neoliberal

Em *Capitalismo na teia da vida*, Moore (2015) busca avançar uma teoria marxista sobre como a acumulação internacional de capital pode ser compreendida do ponto de vista da ecologia. O autor parte do conceito marxiano de metabolismo social, segundo o qual a natureza e a sociedade não seriam conceitos ontologicamente estáveis com a fixidez pretendida pela separação ideológica que o capital promoveria, subordinando a natureza à sociedade. Para Marx, quando os seres humanos agem sobre a natureza, particularmente no trabalho, mudam simultaneamente sua própria natureza, de modo que haveria mais uma interação mútua do que uma hierarquia entre ambos. Partindo desse materialismo, Moore (2015) assume que o metabolismo social consiste em um fluxo constante entre matéria natural (ou vida), capital e poder. No capitalismo, o metabolismo social seria organizado politicamente de modo a fazer com que a matéria natural trabalhe cada vez mais de graça ou por um preço muito baixo, a fim de valorizar o capital. Mais especificamente, esse modo de produção assumiria uma 'lei do valor', chamada por Moore (2015) de 'lei da natureza barata', segundo a qual a energia (ou o trabalho) da biosfera deve ser transformada em capital de forma contínua, inovadora e expansiva, o que seria assegurado por instrumentos políticos hegemônicos.

As 'naturezas baratas' seriam quatro: trabalho-poder, comida, energia e matérias-primas. Todas seriam exploradas na forma de trabalho não-pago, segundo Moore (2015). A taxa de exploração do trabalho (mais-valia) aumentaria quando o trabalhador mediano produz uma massa crescente de valor (frequentemente, mais produtos), enquanto o salário aumenta menos do que a produtividade (mais-valia relativa, como no fordismo), ou diminui (mais-valia absoluta, como no neoliberalismo). Entretanto, para além do trabalho, a apropriação das outras três naturezas baratas também seria uma variável na produtividade do capitalismo, para o autor. Por exemplo, o avanço do trabalho assalariado na Europa Ocidental se deu em meio à dominação das Américas por povos europeus, o que propiciou um abastecimento sem precedentes de comida, energia e matérias-primas baratas. Isso acabou com o problema da subprodução na Europa Ocidental e deu início às crises de superprodução, em decorrência de uma rápida elevação de produtividade.

Moore (2015) entende que crises no capitalismo não ocorrem apenas devido à falta de uma demanda adequada para absorver a grande oferta de bens produzidos, mas também por que a quantidade de natureza barata que foi pensada para sustentar determinado padrão tecnológico se reduz com o tempo. Retomando termos de Marx mais uma vez, por exemplo, a superprodução de máquinas encontra frequentemente uma subprodução de matérias-primas. A esse esquema, Moore (2015) acrescenta que há uma tensão entre o tempo de acumulação do capital e o tempo de regeneração da natureza, pois o primeiro seria mais curto do que o segundo. A natureza não conseguiria repor energia, comida e matérias-primas na mesma velocidade demandada pela valorização do capital investido em máquinas. Essa contradição levaria o capitalismo a gestar, além de crises econômicas periódicas, uma crise ambiental crescente ao longo dos séculos.

Para lidar com essas crises, países se revezam na hegemonia do capitalismo internacional, conquistada quando uma potência consegue reorganizar o modo de produção em bases temporariamente mais estáveis. Nesse ponto, Moore (2015) desenvolve a periodização do capitalismo internacional formulada originalmente por Giovanni Arrighi. Enquanto Arrighi entendia que um país hegemônico ganha consentimento à sua dominação internacional quando promove revoluções na exploração do trabalho, Moore (2015) acrescenta que esta legitimidade advém, mais amplamente, de reformulações no 'regime ecológico' da acumulação capitalista, que inclui, para além do trabalho, a exploração de energia, comida e matérias-primas.

Mais precisamente, um regime ecológico seria um padrão relativamente durável de governança (formal e informal), organização produtiva (de mão-de-obra, matéria-prima, energia e comida), inovações tecnológicas e estruturas de classe (Moore, 2015). À medida que um país hegemônico é reconhecido enquanto tal no mundo, suas inovações na organização do capitalismo são copiadas por competidores, gerando uma grande demanda que escasseia e encarece as naturezas baratas, até a exaustão do modelo de acumulação. Decorrem daí crises de longo prazo, solucionadas com novas 'revoluções ecológicas', nos termos do autor.

Com base nas ideias de Arrighi, Moore (2015) estipula que houve cinco ciclos longos de acumulação no capitalismo internacional até hoje, caracterizados por um país hegemônico e um regime ecológico predominante. Em linhas gerais, esses seriam: 1) ciclo ibérico-germânico (1451-1648), que se beneficiou da exploração de um novo e vasto complexo mineiro (de prata, ferro, cobre, chumbo) na Europa Central, na Suécia, no Reino Unido e na América do Sul, com declínio a partir da crise financeira de 1557; 2) ciclo holandês (1560-1740), impulsionado por inovações na produção de carvão (em substituição à madeira), com declínio após 1680; 3) ciclo britânico (1680-1910), alavancado também por inovações no setor de carvão e ferro (uso de coque em máquinas a vapor, por exemplo), além de cercamentos dos campos, proletarização e uso maior do trabalho de mulheres em fábricas, com declínio após 1873; 4) ciclo estadunidense fordista (1870-1980), intensivo em petróleo, petroquímica, aço, eletricidade e automóveis, com declínio após 1971; e 5) ciclo estadunidense neoliberal, a partir dos anos 1970, marcado por acumulação por despossessão (conceito de David Harvey), repressão salarial e exportação de grande parte do processo produtivo para regiões da periferia. Os três primeiros ciclos de acumulação foram feitos com aumentos territoriais dos países hegemônicos, enquanto os dois últimos lograram expansões de fronteira produtiva sem recorrer a colonizações formais.

Sobre o atual ciclo estadunidense neoliberal, Moore (2015) chama a atenção para o fato de ser aquele que mais produziu comida barata. Os três primeiros ciclos contaram com inovações técnicas e novas áreas de produção agrícola internas e externas (América, Ásia, Báltico, Caribe). Por sua vez, o ciclo estadunidense fordista alavancou a chamada Revolução Verde, isto é, a invenção de uma agricultura industrial, que duplicou a produção de cereais no mundo, entre 1950 e 1980, a partir da manipulação de sementes (milho híbrido sendo o carro-chefe), o uso intensivo de fertilizantes e pesticidas (articulado com o complexo petroquímico) e uma consequente falência de propriedades agrárias não-competitivas dentro do país. Já o ciclo estadunidense neoliberal, a partir dos anos 1970, incluiu uma canalização de petrodólares para países como Brasil, México, Chile e Tailândia, via empréstimos internacionais, o que abriu novas fronteiras de produção, especialmente voltadas à exportação e reforçadas por políticas de abertura econômica. Por volta de 1980, havia um declínio absoluto no campesinato no Sul, que migrou em onda para cidades.

O atual ciclo estadunidense neoliberal começou a mostrar sinais de exaustão por volta de 2003, segundo Moore (2015), quando tiveram início altas muito grandes dos preços internacionais de grãos, metais e petróleo. Sobretudo, isso teria decorrido da grande onda de proletarização na China e na Índia no final do século XX, além da integração do proletariado russo à economia internacional, o que o autor calcula que duplicou o proletariado do mundo após 1989 e gerou grandes pressões de demanda sobre comida, energia e matéria-prima. A valorização das *commodities* foi interrompida pela crise econômica internacional a partir de 2008. Contudo, haveria evidências da crise terminal do regime ecológico para Moore (2015), tais como o esgotamento da saúde mental de trabalhadores, a incapacidade destes assumirem mais turnos de trabalho, a queda de fertilidade das mulheres, o uso de técnicas mais poluentes para extração de energia (como o *fracking*), a proliferação de movimentos ambientalistas e o aumento da insegurança alimentar.

Moore (2015) não vê solução à vista para a crise hegemônica em curso. Estaria cada vez mais difícil fazer a natureza (incluindo o ser humano) dar 'presentes de graça' ou trabalhar a preços baixos. Nem mesmo a China, que o autor trata como a maior competidora à altura de desafiar os Estados Unidos, ofereceria uma alternativa ainda. Em especial, Moore (2015) denuncia a insustentabilidade do padrão energético em voga, haja vista as mudanças climáticas. As sucessivas hegemonias no capitalismo internacional transcorreram durante um longo *boom* de combustíveis fósseis. Esse *boom* permitiu uma série de inovações que abriram fronteiras extrativas e aumentaram a produtividade do trabalho, porém, atualmente, teria chegado a um limite ambiental. Para o autor, um novo regime ecológico adequado seria aquele que retirasse a humanidade do que chama de Capitaloceno, isto é, o longo tempo em que a organização da natureza foi submetida aos imperativos da acumulação capitalista.

Conclusão

Passados alguns anos desde a publicação de Moore (2015), a movimentação recente de países na ONU, em torno da gestão de florestas, parece-nos servir de exemplo atual para o seu argumento de crise de hegemonia do regime ecológico neoliberal. A concordância de mais de uma centena de países em torno do objetivo de expandir a produção agrícola em áreas florestais, expresso na Declaração de Glasgow de 2021, indica um amplo desejo, ao Norte e ao Sul, de se baratear a produção de comida, a partir de uma expansão de fronteiras produtivas, nos marcos do capitalismo. Em vez de *laissez-faire*, preconiza-se que produtores de comida obedeçam a critérios sustentáveis, ou seja, a um nível mínimo de planejamento e regulação da produção econômica.

Por sua vez, a Parceria de Líderes indica que os países do Norte estão dispostos a abandonar outros pontos do discurso hegemônico do período neoliberal, como a abertura de fronteiras e a livre competição econômica no mundo, em favor de uma securitização de cadeias de abastecimento que os beneficie. Documentos oficiais dos Estados Unidos, da União Europeia, do G7 e da OTAN manifestam explicitamente que não apenas sua segurança alimentar estaria ameaçada hoje, como também sua segurança energética. Sendo assim, um aumento de sua influência sobre o que se produz em terras agrícolas de países do Sul poderia resultar em maior fornecimento previsível não apenas de comida, como também de biocombustíveis. Esses serviriam como uma alternativa em face tanto da insustentabilidade no uso de combustíveis fósseis, privilegiados no neoliberalismo, diante do avanço do aquecimento global, quanto da concorrência crescente por recursos com a China.

A Parceria de Líderes parece funcionar, assim, como parte de uma estratégia mais ampla de se repensar o regime ecológico capitalista, no que concerne a forma de se produzir e comercializar comida e energia, por parte de Estados Unidos e aliados europeus, a fim de manterem o Ocidente como centro hegemônico do capitalismo internacional. Extrapolaria os objetivos deste texto examinar os outros dois elementos apontados por Moore (2015) como sendo fundamentais para um novo regime ecológico — trabalho e matérias-primas —, porém reflexões a esse respeito poderiam partir tanto da noção de capitalismo de vigilância (Zuboff, 2019), regime em que se busca assegurar a produção de mais-valia absoluta por meio da informatização do trabalho, quanto de uma análise sobre a Parceria para a Segurança de Minerais, criada em 2022, entre Estados Unidos, União Europeia e outros aliados do Norte, para assegurar cadeias de abastecimento de metais fundamentais para baterias de computadores, celulares e outras máquinas (EUA, 2022b).

Um projeto político alternativo emergiu no Sul ainda durante a COP-27. Brasil, Indonésia e República Democrática do Congo anunciaram uma aliança chamada Poder da Floresta para a Ação Climática, com vistas a promover o desenvolvimento sustentável de florestas tropicais a partir da coordenação de posições entre os três países no âmbito multilateral. Juntos, esses países abrigam cerca de 52% das florestas tropicais primárias do mundo, concentradas na América Latina, África e Ásia (Greenfield, 2022). Em síntese, o grupo defende que recursos para gestão florestal sustentável sejam definidos em acordos negociados de forma multilateral e com metas previsíveis, em vez de dependerem do voluntarismo de governos de ocasião. Cabe acompanhar o desenrolar desse embate político entre Norte e Sul nos próximos anos.

ABDENUR, Adriana. *The Glasgow Leaders' Declaration on Forests*: Déja Vu or Solid Restart? New York: United Nations University, 2022. Disponível em: **http://collections.unu.edu/eserv/UNU:8669/COP26ForestGovernance.pdf**. Acesso em: 12 abr. 2023.

COP-26. Glasgow Leaders' Declaration on Forests and Land Use. Publicado em 2 de novembro de 2021. Disponível em: **https://ukcop26.org/glasgow-leaders-declaration-on-forests-and-land-use/**. Acesso em: 12 abr. 2023.

COP-26. World leaders launch Forests and Climate Partnership... Publicado em 7 de novembro de 2022. Disponível em: **https://ukcop26.org/world-leaders-launch-forests-and-climate-leaders-partnership-to-accelerate-momentum-to-halt-and-reverse-forest-loss-and-land-degradation-by-2030/**. Acesso em: 12 abr. 2023.

EUA. *President Biden announces the Build Back Better Framework*. The White House, 2021. Disponível em: **https://bidenwhitehouse.archives.gov/briefing-room/statements-releases/2021/10/28/president-biden-announces-the-build-back-better-framework/**. Acesso em: 11 mai. 2023.

EUA. *H.R.5376 — Inflation Reduction Act of 2022*. USA Congress, 2022. Disponível em: **https://www.congress.gov/bill/117th-congress/house-bill/5376**. Acesso em 11/05/2023. Acesso em: 11 mai. 2023.

EUA. *Minerals Security Partnership*. Publicado em 14 de junho de 2022. Disponível em: **https://www.state.gov/minerals-security-partnership/**. Acesso em: 15 mai. 2023.

EUA. *Inflaction Reduction Act Guidebook*. Version 2. The White House, 2023. Disponível em: **https://bidenwhitehouse.archives.gov/cleanenergy/inflation-reduction-act-guidebook/**. Acesso em: 11 mai. 2023.

FLCP (FOREST CLIMATE LEADERS' PARTNERSHIP). *The Global Forest Finance Pledge 2021 Progress Report*. Novembro de 2022. Disponível em: **https://forestclimateleaders.org/wp-content/uploads/2024/07/Global-Forest-Finance-Pledge-2021-Report.pdf**. Acesso em: 12 abr. 2023.

G7. *G7 Foreign Ministers' Statement on Climate, Environment, Peace and Security*. Publicado em 13 de maio de 2022. Disponível em: **https://www.auswaertiges-amt.de/en/newsroom/news/-/2531240**. Acesso em: 11 mai. 2023.

G7. G7 Foreign Ministers' Statement. Publicado em 4 de novembro de 2022. Disponível em: **https://www.auswaertiges-amt.de/en/newsroom/news/g7-foreign-ministers-statement/2561876**. Acesso em: 11 mai. 2023.

GREENFIELD, Patricia. Brazil, Indonesia and DRC in talks to form 'Opec of rainforests'. *The Guardian*, 5 de novembro de 2022. Disponível em: **https://www.theguardian.com/environment/2022/nov/05/brazil-indonesia-drc-cop27-conservation-opec-rainforests-aoe**. Acesso em 12/04/2023.

HUMPHREYS, David. *Forest Politics*: The Evolution of International Cooperation. London: Earthscan, 1996.

HUMPHREYS, David. *Logjam*: Deforestation and the Crisis of Global Governance. London / Sterling: Earthscan, 2006.

LANG, Chris. *The New York Declaration on Forests: an agreement to continue deforestation until 2030*. Publicado em 26 de setembro de 2014. Disponível em: **https://redd-monitor.org/2014/09/26/the-new-york-declaration-on-forests-an-agreement-to-continue-deforestation-until-2030/**. Acesso em: 19 abr. 2023.

LEAF COALITION. *Supporters and participants*. Disponível em: **https://leafcoalition.org/**. Acesso em: 25 abr. 2023.

MOORE, Jason W. *Capitalism in the Web of Life. Ecology and the Accumulation of Capital*. Londres: Verso, 2015.

PAZ-RIVERA, Clea. *A renewed call to halt deforestation by 2030*. UNDP Blog. Publicado em 2 de novembro de 2021. Disponível em: **https://www.undp.org/blog/renewed-call-halt-deforestation-2030**. Acesso em 25 abr. 2023.

ONU. *Forests*: action statements and action plans. Climate Summit 2014, UN Headquarters, New York, September 2014. Disponível em: **https://unfccc.int/media/514893/new-york-declaration-on-forests_26-nov-2015.pdf**. Acesso em: 19 abr. 2023.

ONU. *Paris Agreement*. ONU, 2015. Disponível em: **https://unfccc.int/sites/default/files/english_paris_agreement.pdf**. Acesso em 19/04/2023.

ONU. The Global Forest Goals Report 2021. Disponível em: **https://www.un.org/esa/forests/wp-content/uploads/2021/08/Global-Forest-Goals-Report-2021.pdf**. Acesso em: 19 abr. 2023.

ONU. *Agricultural Commodity Companies' Corporate Statement of Purpose*. Publicado em 2 de novembro de 2021. Disponível em: **https://ukcop26.org/agricultural-commodity-companies-corporate-statement-of-purpose/**. Acesso em: 25 abr. 2023.

ONU. *World leaders summit on 'Action on forests and land use'*. Publicado em 2 de novembro de 2021 e atualizado em 18 de julho de 2022. Disponível em: **https://www.gov.uk/government/publications/cop26-world-leaders-summit-on-action-on-forests-and-land-use-2-november-2021/world-leaders-summit-on-action-on-forests-and-land-use**. Acesso em 25 abr. 2023.

ONU. *The Global Forest Finance Pledge*. Publicado em 2 de novembro de 2021. Disponível em: **https://ukcop26.org/the-global-forest-finance-pledge/**. Acesso em: 25 abr. 2023.

ONU. *Leaders will build on Glasgow legacy...* Publicado em 21 de setembro de 2022. Disponível em: **https://ukcop26.org/leaders-will-build-on-glasgow-legacy-to-establish-forests-climate-leaders-partnership-at-cop27/**. Acesso em: 25 abr. 2023.

ONU. *FDSA Signatories*. 2023. Disponível em: **https://racetozero.unfccc.int/system/nature-and-tackling-deforestation/**. Acesso em: 2 abr.2023.

OTAN. *NATO Climate Change and Security Action Plan*. Publicado em 14 de junho de 2021. Disponível em: **https://www.nato.int/cps/en/natohq/official_texts_185174.htm**. Acesso em: 11 mai. 2023.

OTAN. *NATO 2022 Strategic Concept*. Adopted by Heads of State and Government at the NATO Summit in Madrid 29 June 2022. Disponível em: **https://www.nato.int/nato_static_fl2014/assets/pdf/2022/6/pdf/290622-strategic-concept.pdf**. Acesso em: 11 mai. 2023.

SMOUTS, Marie-Claude. *Tropical Forests, International Jungle*: the Underside of Global Ecopolitics. New York: Palgrave McMillan, 2003.

UE (UNIÃO EUROPEIA). *Directive (EU) 2018/2001 of the European Parliament and of the Council of 11 December 2018*. Disponível em: **https://eur-lex.europa.eu/legal-content/EN/TXT/?uri=uriserv:OJ.L_.2018.328.01.0082.01.ENG**. Acesso em: 11 mai. 2023.

UE (UNIÃO EUROPEIA). *Farm to Fork Strategy*. 2020. Disponível em: **https://food.ec.europa.eu/system/files/2020-05/f2f_action-plan_2020_strategy-info_en.pdf**. Acesso em: 11 mai. 2023.

WEF (WORLD ECONOMIC FORUM). “Forests for Climate: Scaling up Forest Conservation to Reach Net Zero”. *In*: *White Paper*, September 2022. Disponível em: **https://www3.weforum.org/docs/WEF_Forests_for_Climate_2022.pdf**. Acesso em: 19 abr. 2023.

WEF (WORLD ECONOMIC FORUM). *What's the difference between 'friendshoring' and other global trade buzzwords?* Publicado em 17 de fevereiro de 2023. Disponível em: **https://www.weforum.org/agenda/2023/02/friendshoring-global-trade-buzzwords/**. Acesso em: 11 mai. 2023.

ZUBOFF, Shoshana. *The age of surveillance capitalism*: the fight for a human future at the new frontier of power. Nova York: Public Affairs, 2019.

MIGRAÇÕES CLIMÁTICAS: UM OLHAR A PARTIR DA REVISÃO DA LITERATURA

Enara Echart Muñoz

María del Carmen Villarreal Villamar

Introdução

Os deslocamentos internos por questões climáticas como as secas, ciclones e furacões ocorrem há séculos no Brasil (Buriti; Aguiar, 2008; Dias, 2019). Poemas e obras de arte como "Morte e Vida Severina", de João Cabral de Melo Neto, e "Retirantes", de Cândido Portinari, ilustram, por exemplo, a dura realidade vivida pelos migrantes nordestinos, também conhecidos como retirantes da seca. Entretanto, são cada vez mais habituais as notícias sobre chuvas torrenciais, enchentes ou deslizamentos de terra, que forçam os habitantes de diversos territórios a abandonar seus lares, no Brasil e no mundo. Os recentes eventos climáticos em São Paulo, Rio de Janeiro, Bahia e Rio Grande do Sul são apenas alguns exemplos, mas de modo algum são casos isolados: segundo dados do Internal Displacement Monitoring Centre (IDMC) de 2023, o Brasil foi o país da América Latina com maior número de migrações internas forçadas por desastres, mais de 700.000 pessoas em 2022. Essa realidade tem provocado um interesse crescente pelo assunto, ao ponto que o termo 'migrações climáticas' é cada vez mais usado por pesquisadores, organizações internacionais, formuladores de políticas públicas e meios de comunicação. No entanto, ainda não há um consenso sobre a definição do fenômeno, as suas causas e repercussões, e as políticas públicas que devem ser implementadas para evitar os efeitos nocivos das mudanças climáticas.

Buscando uma melhor compreensão do fenômeno, devemos lembrar que, cada vez que falamos de migrações, não estamos tratando de dinâmicas novas, e sim de processos históricos que vêm se desenvolvendo em paralelo à própria história da humanidade. A mobilidade acompanha desde sempre as comunidades humanas. Nesse sentido, também a relação entre mudanças climáticas e migrações é antiga, com grandes eventos geofísicos (terremotos, tsunamis, enchentes, entre outros) motivando deslocamentos humanos ao longo da história (El-Hinnawi, 1985; Laczko; Aghazarm, 2009; Villarreal, 2021). No entanto, a intensidade crescente desses fenômenos na era do Antropoceno (Crutzen; Stoermer, 2000) obriga a uma análise mais aprofundada e vinculada com as dinâmicas globais. Nesse contexto, qual é atualmente a relação entre mudanças climáticas e migrações? O que são as migrações climáticas? Quais são as principais causas das migrações climáticas? E como é analisado e enquadrado o fenômeno?

A partir de revisão sistemática da literatura, este trabalho busca analisar o fenômeno das migrações climáticas e alguns dos seus principais debates e desafios. A revisão foi realizada na base de dados da Coordenação de Aperfeiçoamento de Pessoal de Nível Superior (CAPES), o Portal de periódicos da CAPES[1], tendo como critério a análise temática de artigos científicos sobre migrações climáticas revisados por pares na área de ciências sociais e humanas, no período 2000-2022. Em termos expositivos, em primeiro lugar será analisado

1. O Portal de Periódicos da CAPES foi lançado no ano 2000 e atualmente reúne mais de 39 mil periódicos e 396 bases de dados de conteúdo diverso. Disponível em: **https://www.periodicos.capes.gov.br**. Acesso em: 10 de mar. 2023.

o conceito de migrações climáticas como um conceito ainda em debate. Em segundo lugar, serão descritos alguns dos principais nexos entre as mudanças climáticas e as migrações. Por fim, serão examinadas as principais características e linhas de pesquisa sobre o tema, tendo como base a literatura acadêmica de ciências sociais e humanas presente no Portal de periódicos da CAPES.

Migrações climáticas: um conceito em disputa

Apesar da presença crescente do termo migrações climáticas no vocabulário acadêmico, político ou jornalístico, ainda não há clareza sobre o seu significado, e sobre as implicações de optar por uma ou outra denominação: migrantes climáticos, migrantes ambientais, refugiados climáticos, etc (El-Hinnawi, 1985; Laczko; Aghazarm, 2009; Villarreal, 2021).

Para a Organização Internacional das Migrações (2014, p. 13), as pessoas deslocadas por motivos ambientais são "pessoas deslocadas dentro de seu país de residência habitual ou que cruzam uma fronteira internacional e para quem a degradação, deterioração ou destruição do meio ambiente é uma das principais causas de seu deslocamento, embora não necessariamente a única". O deslocamento devido a catástrofes:

> Refere-se a situações em que as pessoas são forçadas ou compelidas a abandonar as suas casas ou locais de residência habitual, a consequência dos efeitos de catástrofes provocadas por perigos naturais ou para evitá-los. Pode adotar a forma de fuga espontânea ou evacuação ordenada ou forçada pelas autoridades. Esses deslocamentos podem ocorrer dentro de um país ou através de fronteiras internacionais (The Nance Initiative, 2015, p. 4).

Portanto, a migração por motivos ambientais é definida como o

> Movimento de pessoas ou grupos de pessoas que, predominantemente por razões de mudanças repentinas ou progressivas no meio ambiente que afetem negativamente suas vidas ou condições de vida, são forçados a deixar seus locais de residência habitual, ou decidem fazê-lo, temporária ou permanentemente, e que se deslocam dentro ou fora de seu país de origem ou residência habitual (Organização Internacional das Migrações, 2019, p. 129).

Por sua vez, a migração climática descreve "o movimento de uma pessoa ou grupos de pessoas que, predominantemente por motivos de mudança repentina ou progressiva do meio ambiente *devido às mudanças climáticas*, são forçados a deixar seu local de residência habitual, ou decidem fazê-lo, temporária ou permanentemente, dentro de um estado ou através de uma fronteira internacional" (Organização Internacional das Migrações, 2019, p. 129, grifo nosso). A migração climática é, portanto, uma subcategoria da migração ambiental, na qual a mudança no meio ambiente se deve às mudanças climáticas.

Outro termo utilizado por alguns autores é o de refugiados ambientais ou refugiados climáticos (El-Hinnawi, 1985; Neto; Oliveira, 2019; Burnett *et al.*, 2021). Essa denominação busca incorporar nas causas ambientais as mudanças climáticas, como justificativa para aceder ao estatuto de refugiado.[2] No entanto, as organizações internacionais que trabalham com migrantes e refugiados, como a Organização Internacional para as Migrações (OIM) ou a Agência da ONU para os Refugiados (ACNUR) são reticentes a essa terminologia, preferindo

---

2. Até o momento, o Estatuto do Refugiado de 1951 reconhece como refugiados as pessoas que não podem retornar aos seus países de origem por temor a ser perseguidas por motivos de raça, religião, nacionalidade, grupo social ou opiniões políticas (art.1).

se referir a "pessoas deslocadas em contextos de desastres e mudanças climáticas". O argumento deriva de uma defesa do regime jurídico internacional existente de proteção dos refugiados (em especial o Estatuto dos Refugiados de 1961), num contexto de enormes desafios, com cada vez mais países, principalmente no Norte, que fazem uma leitura cada vez mais restritiva do mesmo.[3] Isso não impede que o ACNUR incorpore as mudanças climáticas ao seu trabalho[4], contando com um assessor especial sobre ação climática, Andrew Harper, e reconhecendo assim a importância do fenômeno. Na mesma linha, também a OIM estabeleceu uma Divisão de Migração, Meio Ambiente e Mudança Climática.[5]

A complexidade da mobilidade humana, no entanto, dificulta a categorização dos fluxos, categorização que, por outro lado, tem claras repercussões políticas e na proteção das pessoas migrantes.[6]

---

3. Por exemplo, em relação ao princípio básico de *non refoulement*, ou não devolução dos migrantes solicitantes de refugio até a resolução do procedimento, que vem sendo violado com as políticas de deportações sumárias, '*devolución en caliente*', do governo espanhol na fronteira com Marrocos; ou a proposta do governo britânico de não reconhecer o refúgio aos migrantes que entrem de maneira irregular no país, a pesar do estipulado no Estatuto do Refugiado (art. 31.1), ou ainda a proposta de 'proibição de trânsito' do governo Biden, que negaria o direito a solicitar asilo àqueles migrantes que passaram por outros países antes de chegar aos Estados Unidos e não solicitaram asilo primeiro nesses países.

4. *Cf.* https://www.acnur.org/cambio-climatico-y-desplazamiento-por-desastres.

5. *Cf.* https://environmentalmigration.iom.int/iom-and-migration-environment-and-climate-change-mecc.

6. A diferenciação entre a figura do migrante e do refugiado foi reconhecida na Declaração de Nova York para Refugiados e Migrantes de 2006, que determina que enquanto os refugiados fogem dos países por temores fundados, e não podem ser expulsos do país de acolhida; os migrantes "escolhem se deslocar não por causa de uma ameaça direta de perseguição ou morte, mas principalmente para melhorar sua vida em busca de trabalho ou educação, por reunião familiar ou por outras razões" (ACNUR, 2015), e portanto podem

No caso das migrações climáticas, são um fenômeno complexo que envolve situações muito heterogêneas. Contudo, é possível apontar algumas características comuns:

- Trata-se de movimentos involuntários, forçados por causas ambientais. Essa é uma das grandes dificuldades na hora de analisar, por exemplo, as migrações derivadas dos impactos mais lentos e de longo prazo das mudanças climáticas.
- A maioria acontece dentro dos países, como deslocamento interno. Começam habitualmente como um movimento rural-urbano, pela especial vulnerabilidade do campo aos impactos das mudanças climáticas. Podem ser tornar, posteriormente, processos de migração internacional.
- A maioria acontece no Sul Global, pela especial situação de vulnerabilidade diante dos impactos das mudanças climáticas. E aqui, mulheres, crianças, idosos e comunidades indígenas são especialmente vulneráveis
- Cabe ressaltar que nem sempre existe a possiblidade de mobilidade, por falta de recursos ou pela importância dos territórios para determinadas comunidades. Temos, portanto, também populações 'presas' ou situações de imobilidade que devem ser consideradas.
- E finalmente, são multicausais: os fatores ambientais interatuam com outros políticos, econômicos e demográficos, o que dificulta também a categorização dos fluxos.

---

retornar a seus países de origem. A migração é, portanto, entendida como uma escolha. Contudo, como veremos no caso das migrações climáticas, o deslocamento não é voluntário. A criação dessas categorias para a mobilidade humana tem repercussões nas garantias de direitos das pessoas migrantes. Essa diferenciação jurídica tem levado à adoção de dois Pactos Globais: o Pacto Global sobre Refugiados e o Pacto Global de Migração Segura, Ordenada e Regular, adotados em 2018.

A relação entre mudanças climáticas e migrações

A multicausalidade das migrações climáticas dificulta o estabelecimento de uma relação causal direta entre mudanças climáticas e migrações. Nesse sentido, um primeiro passo é diferenciar os impactos das mudanças climáticas repentinas (terremotos, tsunamis, enchentes, etc.) daqueles de desenvolvimento mais lento (elevação do nível do mar, secas, degradação ambiental, perda de biodiversidade, entre outros fenômenos). Ambas motivam, de maneira direta e indireta, que muitas pessoas que habitam territórios vulneráveis a esses impactos, principalmente no Sul Global, tenham de abandonar a curto ou longo prazo os seus territórios. Mas nas primeiras, o vínculo é mais claramente identificável que nas segundas. Por outro lado, esses impactos a mais longo prazo também obrigam a repensar as responsabilidades causais. Diante de fenômenos extremos (furacões, terremotos, tempestades, etc.), o clima parece o agente principal, o que impede avaliar as consequências que o Antropoceno tem na intensificação das mudanças climáticas. As atividades extrativas de empresas mineradoras, por exemplo, também têm fortes impactos ambientais, sendo responsáveis pela degradação de rios e solos, e gerando importantes conflitos socioambientais (Echart; Villarreal, 2018, 2019).

O relatório realizado por McAuliffe, M. e A. Triandafyllidou para a Organização Internacional para as Migrações (2022), por exemplo, mostra como alguns eventos ambientais (terremotos, secas, incremento do nível do mar, desmatamento, entre outros) impactam os ecossistemas e sua provisão de serviços (alimentos, água, etc), gerando '*drivers*' — 'gatilhos' — potenciadores da mobilidade, na medida em que afetam a segurança alimentar, econômica, política, energética, e em termos mais amplos, a segurança ambiental global. Por exemplo eventos meteorológicos — como temperaturas extremas —, podem levar à perda de terras agrícolas, o que gera uma menor produtividade, ameaçando com isso a segurança econômica dos agricultores e a segurança alimentar da população. Mas não se trata de uma relação causal direta e claramente identificável. Na realidade, envolve um conjunto de fatores interrelacionados. O que, por outro lado, também dificulta diferenciar essa mobilidade de outras categorias migratórias, como os migrantes econômicos, assim como pela dificuldade de contabilizar os deslocamentos provocados por processos ambientais mais lentos.

FIGURA 1. **Vínculos entre a mudança ambiental, os ecossistemas e a mobilidade humana**

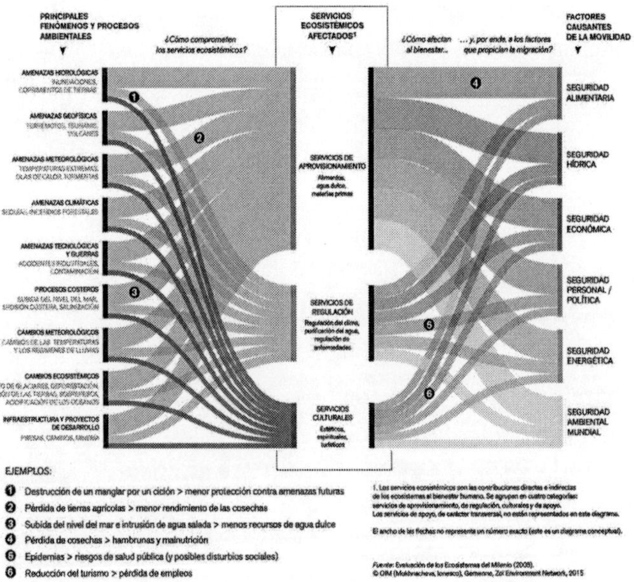

FONTE: McAuliffe, M.; A. Triandafyllidou (2022)

Apesar dessas dificuldades, um grande esforço vem sendo realizado para identificar os fluxos migratórios motivados por causas ambientais, destacando o trabalho do Centro de Monitoramento

FIGURA 2. **Deslocamentos internos por conflito e desastres em 2022**

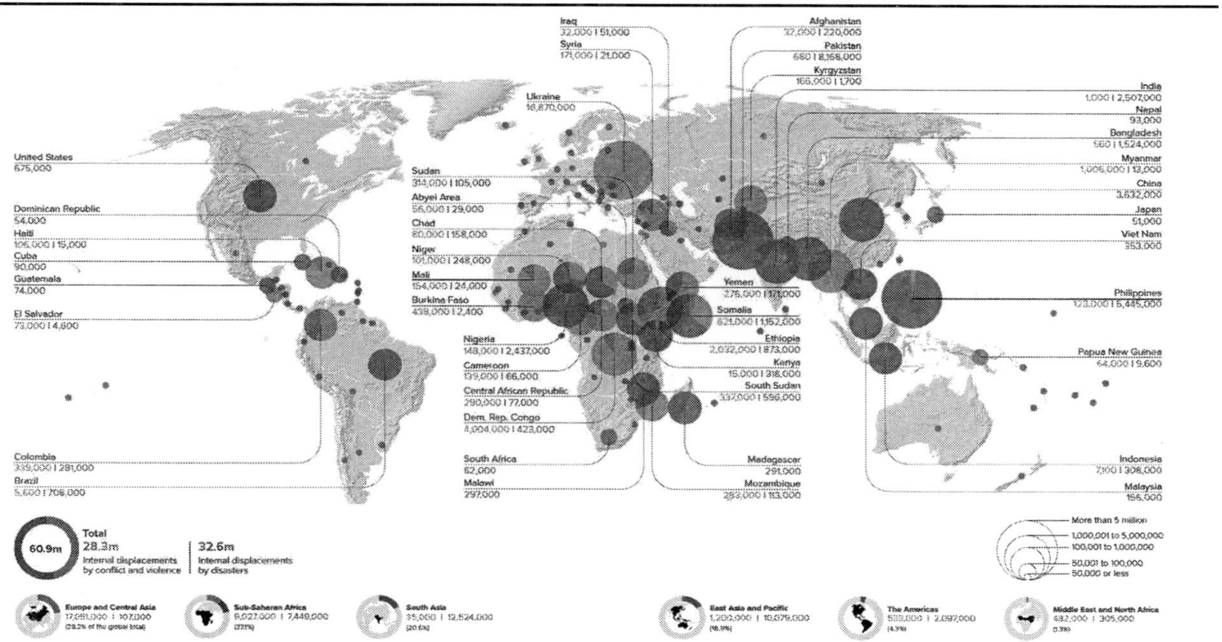

FONTE: IDMC (2023)

de Deslocamento Interno (IDMC), principal base de dados para os analistas. O último relatório do IDMC (2023) mostra a importância crescente dos deslocamentos internos provocados por desastres (32,6 milhões de pessoas), que superam aqueles provocados por conflitos (28,3 milhões de pessoas, dentre elas, 18 milhões deslocadas pela guerra da Ucrânia). Desses 32,6 milhões, a imensa maioria (98%) estão relacionados com o clima (tormentas, secas, temperaturas extremas, inundações, incêndios florestais, furacões...).

No entanto, esses dados do IDMC são limitados aos deslocamentos internos, tendo poucas informações sobre deslocamentos internacionais. A maioria dos estudos nesse sentido são estudos de caso específicos (como por exemplo, no caso dos vistos humanitários para haitianos no Brasil), com poucos estudos comparados e pesquisas mais qualitativas. Sem dúvida, isso está relacionado também com a dificuldade de analisar processos mais lentos e menos visíveis que afetam à mobilidade. Abre-se assim uma importante agenda de pesquisa diante de uma realidade cada vez mais afetada pela emergência climática. O relatório *Groundswell* do Banco Mundial (2021) aponta a 216 milhões de pessoas deslocadas até 2050 se não adotarmos medidas contra as mudanças climáticas.

Em definitiva, nos últimos tempos, a preocupação pela intensificação das mudanças climáticas ocupa o centro das agendas internacionais, e tem reflexo no número de notícias que mostram os impactos socioambientais de fenômenos naturais (e não tão naturais) extremos, forçando milhares de pessoas a se deslocarem de seus territórios. No entanto, junto a esses fenômenos geofísicos intensos, outros deslocamentos são motivados por efeitos das mudanças climáticas que atuam de forma mais lenta e silenciosa, recebem menor atenção, e são mais dificilmente classificáveis.

Nesse contexto, os estudos nessa área se enfrentam a questões importantes, dentre elas a identificação do clima como fator causal em abstrato, que nos impede visibilizar as responsabilidades causais desses fenômenos, principalmente no caso dos impactos mais lentos das mudanças climáticas. Como mostra os relatórios de organizações como a OIM e o IDMC, os efeitos das mudanças climáticas atuam como 'gatilhos' em cenários de precariedade e vulnerabilidade social e econômica preexistentes. A atividade humana, na era do Antropoceno, gera efeitos ambientais, acelerando as mudanças climáticas e amplificando os impactos dos desastres ambientais, e, portanto, também a mobilidade vinculada a eles. Merecem, portanto, também especial atenção os impactos socioambientais das atividades vinculadas com a extração de recursos naturais, que geram conflitos ambientais ao redor do mundo (Grisul, 2018). Isso implica identificar mais claramente os principais responsáveis pela degradação ambiental.

Devemos lembrar que as mudanças climáticas na era do Antropoceno estão vinculadas com um determinado modelo de desenvolvimento fortemente destrutor do nosso planeta. O Painel Intergovernamental de Mudanças Climáticas (IPCC) vem chamando a atenção sobre a necessidade de atuar de forma urgente para enfrentar essa situação se quisermos continuar tendo um planeta habitável para todes. Os Estados e as empresas têm aqui uma responsabilidade que vai além do que se apresentam muitas vezes como 'fenômenos naturais'. Trata-se de responsabilidades históricas e impactos fortemente diferenciados na dimensão Norte/Sul (e dentro destes blocos, em determinadas comunidades especialmente vulnerabilizadas), que vêm gerando historicamente uma dívida ambiental.

E finalmente, cabe uma reflexão sobre a categorização das migrações, pelas implicações políticas que isso pode ter na governança migratória, que termina determinando fluxos aceitáveis e inaceitáveis. No cenário apontado, torna-se cada vez mais difícil distinguir os migrantes ambientais de outras categorias migratórias, como os migrantes econômicos. Em qualquer caso, as políticas devem colocar no centro o respeito aos direitos humanos, entendendo as migrações como mecanismos de adaptação em situações de vulnerabilidade. A luta contra as mudanças climáticas, tão urgente e necessária, deve ter em conta as pessoas mais vulneráveis aos seus efeitos, em termos holísticos, evitando categorizar as suas estratégias de sobrevivência, incluída a mobilidade, em desejáveis/indesejáveis.

As migrações climáticas vistas a partir do portal de Periódicos da CAPES

O portal de Periódicos da Coordenação de Aperfeiçoamento do Pessoal de Nível Superior (CAPES) é um dos principais acervos científicos virtuais do Brasil. O projeto surgiu nos anos 1990, no contexto do programa para bibliotecas de Instituições de Ensino Superior, criado pelo Ministério de Educação (MEC), com o fim de fortalecer o ensino e a pesquisa na pós-graduação. O portal foi oficialmente lançado em 2000 e hoje reúne mais de 39 mil periódicos com texto completo e 396 bases de dados de conteúdos diversos como livros, patentes, dissertações, teses, entre outros.[7]

Utilizando como base o portal de periódicos da CAPES, realizamos uma revisão sistemática da literatura. De acordo com Galvão e Ricarte (2019), esta opção define:

> Uma modalidade de pesquisa, que segue protocolos específicos, e que busca entender e dar alguma logicidade a um grande corpus documental, especialmente, verificando o que funciona e o que não funciona num dado contexto. Está focada no seu caráter de reprodutibilidade por outros pesquisadores, apresentando de forma explícita as bases de dados bibliográficos que foram consultadas, as estratégias de busca empregadas em cada base, o processo de seleção dos artigos

7. Portal de Periódicos CAPES. Quem Somos. Disponível em: **https://www.periodicos.capes.gov.br/**. Acesso em: 10 mar. 2023.

> científicos, os critérios de inclusão e exclusão dos artigos e o processo de análise de cada artigo. Explicita ainda as limitações de cada artigo analisado, bem como as limitações da própria revisão. De forma geral, a revisão de literatura sistemática possui alto nível de evidência e se constitui em um importante documento para tomada de decisão nos contextos públicos e privados (Galvão; Ricarte, 2019, p. 58-59).

Nossa revisão sistemática da literatura foi realizada em março de 2023, buscando responder como são definidas e analisadas as migrações climáticas, quem pesquisa o tema e quais são as principais áreas e modalidades de estudo do fenômeno. Em uma pesquisa geral que utilizou como estratégia de busca o termo chave 'migrações climáticas', foram encontrados um total de 82 resultados, em todas as áreas, línguas e formatos presentes no Portal, incluindo artigos, recursos online, teses, dentre outros. A seguir, foram selecionados os artigos científicos revisados por pares e publicados em revistas acadêmicas da área de ciências sociais e humanas, em língua portuguesa, espanhola, inglesa e francesa. Por fim, foram eliminados os textos repetidos, aqueles disponíveis em outras línguas diversas das selecionadas e, a partir da leitura e análise do conteúdo, foram também descartados aqueles textos que não abordavam o fenômeno das migrações climáticas humanas, alcançando um total de 33 artigos.

Uma vez definido o número total de textos a serem analisados, foi realizada uma leitura completa e sistematização dos textos, buscando identificar o perfil dos pesquisadores, as principais características dos trabalhos publicados e as revistas de publicação. Com o fim de compreender o enquadramento e principais agendas de pesquisa, analisamos também os termos-chave utilizados, o período e área temática de publicação, bem como os temas pesquisados e as metodologias utilizadas.

Em relação às limitações desta revisão, reconhecemos que a produção sobre migrações climáticas dentro do Portal de Periódicos da

CAPES supera de forma considerável o número de textos aqui analisados e inclui uma ampla lista de teses, dissertações, relatórios, dentre outros documentos, que não foram contemplados. Ao mesmo tempo, somos conscientes que uma busca que utilizasse outros termos-chave além de 'migrações climáticas' teria incluído diversos trabalhos que abordam o tema de forma direta e indireta, mas que não foram catalogados com esse termo-chave e sim possivelmente com sinônimos como migrações ambientais, deslocamentos internos, entre outros.

Apesar dessas limitações, consideramos relevante a revisão aqui apresentada como uma primeira aproximação ao tema e a seguir examinaremos detalhadamente o panorama da produção sobre migrações climáticas presente no Portal de Periódicos CAPES no período 2000-2022.

As pesquisas sobre migrações climáticas e o perfil dos pesquisadores

Na hora de falar de migrações climáticas, os 33 textos analisados utilizam múltiplas denominações, muitas vezes como sinônimos, sem apresentar uma definição clara nem uma distinção entre fenômenos, escalas e temporalidades. A Figura 3, que contém uma nuvem de palavras a partir dos termos mais utilizados nos títulos dos artigos, ilustra graficamente essa heterogeneidade de abordagens.

Alguns artigos falam, por exemplo, de migração ambiental, migrantes e deslocados ambientais (Neto *et al.*, 2018; Schimitt; Gonçalves, 2019; Biscola; Campello, 2021; Brandão *et al.*, 2020); enquanto outros pesquisadores adotam denominações como migrantes climáticos, migrações climáticas e abordam o vínculo entre crise climática e mobilidade humana (Felipe *et al.*, 2019; Cavedon-Capdeville; Serraglio, 2022; Contipelli; Giordani, 2020; Ferreira *et*

FIGURA 3. **Nuvem de palavras sobre migrações climáticas a partir da revisão CAPES 2000-2022**

FONTE: elaboração própria

al., 2019; Schimitt; Gonçalves, 2019; Felipe, 2022). Existem também diversos textos que, apesar da falta de uma definição jurídica sobre o conceito, utilizam explicitamente o termo refugiados ambientais e climáticos (Neto; Oliveira, 2019; Gorgen; César, 2019; Burnett *et al.*, 2021), e diversos artigos que analisam as migrações e os deslocamentos ambientais em contextos de desastres, mudanças e crise climáticas (Neto *et al.*, 2018; Langoski, 2019; Sampaio *et al.*, 2019; De Azevedo, 2020), bem como do nexo entre deslocamentos e clima no âmbito global (Barros, 2018; Führ *et al.*, 2021). Cabe também destacar que alguns textos abordam eventos específicos como a migração de retirantes nordestinos devido às secas históricas e contemporâneas (Buriti; Aguiar, 2008; Dias, 2019; Ferreira *et al.*, 2020), enquanto outros se referem a migrações específicas no contexto Norte-Sul como a busca por maior qualidade de vida, o que inclui também melhores condições climáticas (Domínguez *et al.*, 2018).

As definições utilizadas pelos textos analisados são também reflexo da profusão de termos empregados para falar de migrações climáticas. A falta de uma delimitação clara sobre o fenômeno faz com que as definições citadas sejam múltiplas e provenientes de relatórios de instituições internacionais como a Organização Internacional para as Migrações (OIM), o Painel Intergovernamental sobre as Mudanças Climáticas (IPPC), o Banco Mundial e o Organização das Nações Unidas para a Alimentação e a Agricultura (FAO), além das conceitualizações sobre o fenômeno realizadas por pesquisadores da área como Essam El-Hinnawi, Jodi L, Jacobson, Susana Borras Pentinant, Beatriz Felipe Pérez, dentre outros.

Em relação ao perfil dos pesquisadores da área, conforme o Gráfico 1, há uma leve prevalência de mulheres, sendo mais correto falar de paridade de gênero nas publicações: 17 dos 33 textos analisados foram escritos por mulheres ou as mulheres são as autoras principais de coautorias, enquanto 16 foram publicados por homens ou em coautoria com mulheres, mas tendo homens como autores principais. No material analisado, 24 textos foram escritos em coautoria e apenas 9 por um único autor/a. É comum a publicação em coautoria entre autores de diversas instituições e países, o que evidencia a existência de redes de colaboração em matéria de migrações e mudanças climáticas.

GRÁFICO 1. **Publicações sobre mudanças climáticas por gênero a partir da revisão CAPES 2000-2022**

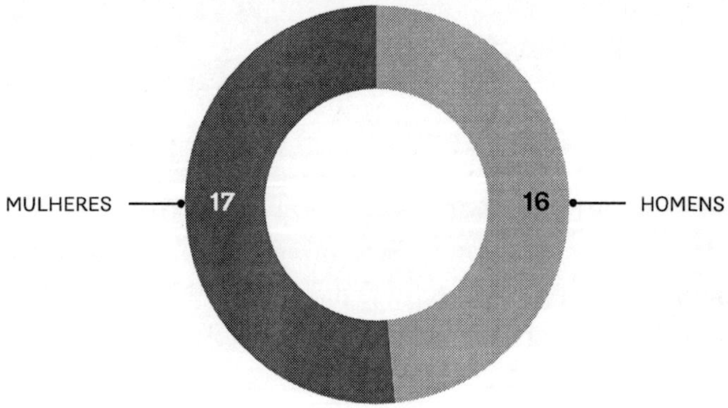

FONTE: elaboração própria

No que diz respeito aos idiomas, na bibliografia analisada existem 26 artigos escritos em português, 3 em inglês, 3 em espanhol e 1 em francês. Embora a maior parte dos autores seja brasileira, os 9 estrangeiros são originários de diversos países: Espanha, Portugal, Cabo Verde, Estados Unidos, México, Alemanha, África do Sul, Camarões e Eslováquia.

Artigos publicados por ano e área de publicação

A partir da data de publicação dos artigos, podemos constatar que se trata de um tema histórico, mas discutido com o termo 'mudanças climáticas' de forma recente. Conforme a Gráfico 2, existem 8 artigos no período 2000-2018, mas só há um aumento considerável do volume de textos que usam essa terminologia a partir de 2018.

GRÁFICO 2. **Publicações por ano a partir da revisão CAPES 2000-2022**

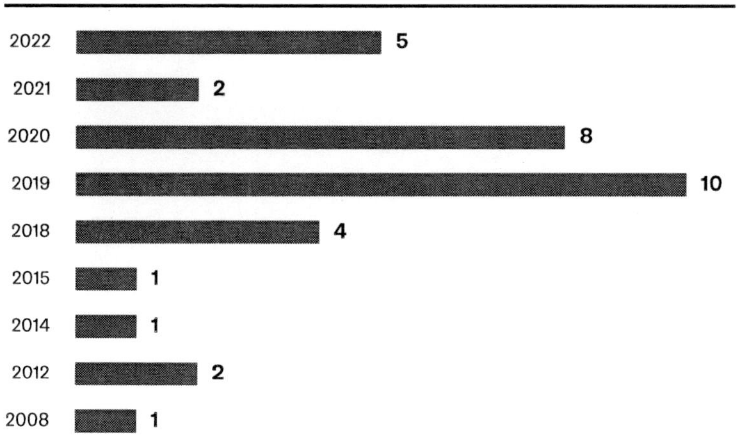

FONTE: elaboração própria

Na hora de realizar uma classificação dos textos por área de publicação das revistas, conforme o Gráfico 3, predominam trabalhos publicados em revistas interdisciplinares, ao passo que há um predomínio dos estudos na área do Direito, seguidos pelos estudos na área de História e Ciências Sociais. Além disso, existem diversos trabalhos publicados na área de Relações Internacionais, Desenvolvimento e Meio Ambiente, Sociologia, Geografia e, de acordo com os objetivos do artigo, também em áreas como Administração, Planejamento e Sustentabilidade, Educação e Psicologia.

GRÁFICO 3. **Publicações por área a partir da revisão CAPES 2000-2022**

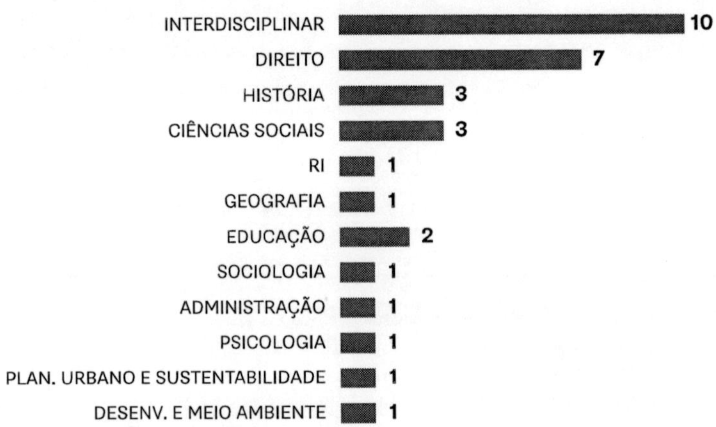

FONTE: elaboração própria

Temas, enfoques e metodologias utilizadas

Os temas abordados em relação às mudanças climáticas são diversos e incluem: os debates teóricos sobre migrações ambientais/climáticas; os vínculos entre migrações climáticas e direitos humanos; a discussão sobre o refúgio ambiental/climático e sua regulação internacional ou nacional; a relação entre migração climática e segurança, e as conexões entre mudanças climáticas, eventos extremos, desastres naturais e migração ambiental (Neto *et al.*, 2018; De Azevedo, 2020; Cavedon-Capdeville; Serraglio, 2022; Contipelli; Giordani, 2020; Ferreira *et al.*, 2019; Langoski, 2019; Schimitt, Gonçalves, 2019; Felipe, 2022).

Há também diversos trabalhos que abordam as relações entre migrações ambientais/climáticas, políticas públicas, saúde e segurança alimentar (Reis, 2015; Barros, 2018; Farias *et al.*, 2020; Ferreira *et al.*, 2020; Biscola; Campello, 2021; Coutinho *et al.*, 2019; Cavedon-Capdeville; Serraglio, 2022), bem como a discussão sobre desenvolvimento sustentável, cidades e migrações ambientais/climáticas (Monteiro *et al.*, 2011; St'ahel, 2019; Coutinho *et al.*, 2019; Ferreira *et al.*, 2019; Farias *et al.*, 2020; Risson; Moré, 2022) e conceitos como justiça ambiental e climática e litigância climática (Sampaio; Oliveira, 2019; Cavedon-Capdeville, Serraglio, 2022; Felipe *et al.*, 2019; Felipe, 2022).

Por fim, há também diversas pesquisas que abordam a relação entre educação e migração ambiental; os vínculos entre gênero e migrações; as migrações Norte-Sul motivadas por causas ambientais/climáticas, bem como outros processos de mobilidade humana contemporânea motivados por estas razões como a migração centro-americana e a haitiana (Domínguez *et al.*, 2018; Neto; Oliveira, 2019; Rodrigues *et al.*, 2020; Führ *et al.*, 2021; Felipe, 2022; Risson; Moré, 2022).

> Dentro da literatura pesquisada, destacam também diversos estudos de caso sobre migrações ambientais/climáticas em perspectiva histórica. Alguns trabalhos abordam a questão no âmbito local, analisando os deslocamentos internos no Brasil, de retirantes nordestinos e de populações indígenas (Buriti; Aguiar, 2008; Dias, 2019; Ferreira *et al.*, 2020; Branquinho; Júnior, 2020), enquanto outros tratam questões relativas à colonização e a questões ambientais de processos migratórios em grupos específicos como a migração alemã e japonesa (Martiniello; Montysuma, 2014; Relly, 2022).

Os enfoques utilizados são em sua maioria exploratórios e descritivos, apresentando uma temática reconhecida como histórica, mas contextualizada como um fenômeno que hoje assume especificidades dentro da atual crise ambiental e climática. Por outro lado, diversos estudos adotam um caráter crítico em relação ao tratamento do tema e à falta de visibilidade, discussão e reconhecimento jurídico, sobretudo quando se abordam questões como o 'refúgio ambiental ou climático'. Por fim, alguns trabalhos, analisam os impactos diferenciados das migrações climáticas em relação à marcadores como a classe, o gênero, a etnia/raça e a região de origem e residência, especialmente quando se abordam as diferenças entre Norte e Sul global e as assimetrias entre os impactos do fenômeno climático no âmbito rural e urbano.

QUADRO 1. **Metodologias utilizadas a partir da revisão CAPES 2000-2022**

PESQUISAS QUALITATIVAS	PESQUISAS QUANTITATIVAS
Pesquisa bibliográfica	
Análise documental	
Análise do discurso	
Análise de dados secundários	
Entrevistas	
Questionários	
Uso de softwares específicos	
Metodologias participativas e específicas por área: pesquisa-ação; uso e produção de cartografias e materiais audiovisuais; pesquisas com fontes históricas; Abordagem Multidimensional Ecossistêmica Comparativa (Meca)	

FONTE: elaboração própria

Em termos metodológicos predominam os estudos de caso em relação aos trabalhos comparativos. Conforme o Quadro 1, existem trabalhos com metodologia quantitativa, qualitativa e com enfoque misto, mas prevalece o uso do qualitativo e as pesquisas bibliográficas e com fontes históricas, bem como os trabalhos que utilizam análise documental, de legislação, discursos, dados secundários e entrevistas. Existem também diversos estudos bibliométricos e, de acordo com o tema e área de pesquisa, há uso de softwares específicos e metodologias como a Abordagem Multidimensional Ecossistêmica Comparativa (Meca), pesquisas literárias e pesquisas que implicam o uso de cartografias e recursos audiovisuais (Buriti; Aguiar, 2008; Monteiro; Cunha, 2011; Neto *et al.*, 2018; Brandão *et al.*, 2020; Rodrigues *et al.*, 2020; Amorim *et al.*, 2020; Risson; Moré, 2022).

Conclusões

As migrações motivadas por razões climáticas constituem uma realidade histórica, hoje em pleno crescimento. Entretanto, por se tratar de um fenômeno multicausal, existem dificuldades na sua definição, dado que em muitos casos, o clima não é a única motivação da mobilidade humana e sim um potenciador e acelerador de outras causas estruturais como a pobreza, as desigualdades, a fome, as crises humanitárias e os conflitos crescentes no contexto do capitalismo global.

A nossa revisão da literatura no Portal de periódicos da CAPES ilustra bem este fenômeno, evidenciando uma área de pesquisa prolífica nas ciências sociais e humanas, mas ainda em definição. Com efeito, os trabalhos aqui analisados falam de diversas modalidades de migração sob o guarda-chuva de migrações climáticas: deslocamentos motivados por desastres e catástrofes, migrações ambientais, 'refúgio ambiental e climático', mobilidades no contexto de mudanças climáticas, dentre outras denominações, analisando este fenômeno em diversas escalas e temporalidades, bem como seus impactos na esfera econômica, política, social e cultural.

Os avanços nas pesquisas sobre o tema no século XXI são incontestáveis, mas ainda existem diversos desafios. Em relação aos trabalhos sobre 'refúgio ambiental' ou 'refúgio climático', por exemplo, existe uma busca ativa pelo reconhecimento internacional do termo e pela criação de garantias de proteção internacional através deste mecanismo, mas a evidência mostra que é necessário avançar na criação de modalidades de proteção a partir de uma perspectiva de direitos humanos que transcenda estes debates.

No contexto do Antropoceno e das discussões sobre migrações climáticas e justiça ambiental, é necessário aprofundar as pesquisas sobre o colonialismo ambiental e climático e sobre as responsabilidades diferenciadas entre Norte e Sul global. É também urgente a promoção de uma maior escuta e visibilização das vozes dos afetados pelas migrações climáticas, reconhecendo a agência deles e delas para deixar de enxergá-los apenas como vítimas ou 'refugiados', considerando as estratégias de adaptação adotadas em alguns casos. Em segundo lugar, é preciso aumentar o número de pesquisas com enfoque interseccional que considerem os efeitos diferenciados e as diversas vulnerabilidades das pessoas em função do gênero, etnia/raça, lugar de residência, entre outros marcadores.

Por fim, são tarefas pendentes o estudo aprofundado dos vínculos entre deslocamentos internos e internacionais motivados por razões climáticas e a promoção de uma maior inter e transdisciplinaridade das pesquisas, bem como o aumento de estudos comparados e um maior uso de dados e de métodos de pesquisa mistos, capazes de contribuir com evidência empírica para consolidar as pesquisas sobre um tema cuja definição é ainda objeto de múltiplas disputas.

REFERÊNCIAS

ACNUR. "Refugiado ou Migrante? O ACNUR incentiva a usar o termo correto". Genebra, 2015. Disponível em **https://www.acnur.org/br/noticias/comunicados-imprensa/refugiado-ou-migrante-o-acnur-incentiva-usar-o-termo-correto**.

BANCO MUNDIAL. *Groundswell Part 2*: Acting on Internal Climate Migration. World Bank, Washington, DC, 2021.

BARROS, Ludmila. "Mudanças Climáticas e Direitos Humanos". *In*: *Revista ESMAT*, vol. 10, no.16, pp. 241-270, 2018.

BISCOLA, Raquel; CAMPELLO, Lívia. "Exame do Regime Jurídico e de demais aspectos dos migrantes ambientais sob o enfoque das alterações climáticas e do aquecimento global". *In*: *Revista de Direitos Humanos em Perspectiva*, vol, 7, no.2, pp. 34-54, 2021.

BRANDÃO, Rebeca; RODRIGUES, Maria; TOJA, Noale. "Migrar é preciso: as questões ambientais e as migrações na produção de um curta em um curso de pedagogia". *In*: *Remea*, vol. 37, no.2, pp. 86-106, 2020.

BRANQUINHO, Evânio; DE OLIVEIRA, Ângelo. "Índios urbanos: a migração do povo Pankararu para a cidade de São Paulo: aspectos territoriais e identitários". *In*: *Estudos Geográficos*, vol. 18, no.2, pp. 132-151, 2020.

BURNETT, Annahid; RAMALHO, Ângela; ALMEIDA, Hermes; DE SOUSA, Cidoval. "Refugiados climáticos, aquecimento global, desertificação e migrações: reflexos globais e locais". *In*: *Interseções*, vol. 23, no.2, pp. 318-333, 2021.

BURITI, Catarina; AGUIAR, José. "Secas, Migrações e Representações do semi-árido na literatura regional: por uma história ambiental dos sertões do nordeste brasileiro". *In*: *Textos e Debates*, no. 15, pp. 7-31, 2008.

CAVEDON-CAPDEVILLE, F.; SERRAGLIO, Diogo. "Vidas em movimento: os sistemas de proteção dos direitos humanos como espaços de justiça para os migrantes climáticos". *In*: *Revista de Direito Internacional*, vol, 19, no.1, pp. 104-125, 2022.

CONTIPELLI, Ernani. "Constitucionalismo climático global". *In*: *Justiça do Direito*, vol. 32, no.2, pp. 278-300, 2018.

CONTIPELLI, Ernani; NAGAO, Daniel; GIORDANI, Thaís. "Novos debates sobre as migrações climáticas e sua regulação internacional". *In*: *Direito e Desenvolvimento*, vol. 11, no.1, pp. 215-227, 2020.

COUTINHO, Sonia; VASCONCELLOS, Maria; ABÍLIO, Carolina; NETO, Clóvis. "Indicadores para cidades inteligentes: a emergência de um novo clichê". *In*: *Revista de Gestão ambiental e Sustentabilidade*, v, 8, n.2, pp. 389-405, 2019.

CRUTZEN, P; STOERMER, E. "The Anthropocene". *In*: *Global Change Newsletter*, vol. 41, pp. 17-18, 2000.

DE AZEVEDO, Ana. "Rethinking Security in the Twenty-First Century". *In*: *Debater a Europa*, no. 22, pp. 23-35, 2020.

DIAS, Dayane. "Mortalidade e migração no período da seca de 1877-1879 na freguesia de São José (Fortaleza/CE)". *In*: *Resgate*, vol. 27, no.2, pp. 175-194, 2019.

DOMINGUEZ, Mauricio; RUBIALES-PÉREZ, Miguel; BAYONA-I-CARRASCO, Jordi. "Inmigración de 'calidad de vida' y partial exit: un estudio a partir de los casos de Mérida (México) y Barcelona (España). *In*: *Revista colombiana de Sociología*, vol. 41, no.1, pp. 177-202, 2018.

ECHART MUÑOZ, Enara; VILLARREAL, María. "Resistencias y alternativas al desarrollo en América Latina y Caribe: luchas sociales contra el extractivismo", *In*: *Relaciones Internacionales*, vol.39, pp.141-163, 2018.

ECHART MUÑOZ, Enara; VILLARREAL, María. "Women's Struggles Against Extractivism in Latin America and the Caribbean". *In*: *Contexto Internacional* (online), vol.41, pp.303-325, 2019.

EL-HINNAWI, Essam. *Environmental Refugees*, UN Environment Programme, 1985.

FARIAS, Lia; MARQUESAN, Fábio; DE FIGUEIREDO, Marina. "Migração e políticas públicas de convivência com o semiárido brasileiro". *In*: *Revista Pensamento Contemporâneo em Administração*, vol. 14, no.4, pp. 5-73, 2020.

FELIPE, Beatriz. "Crisis climática y movilidad humana: apuntes sobre la necesidad de ampliar el debate más allá del "refugio climático". *In*: *Trayectorias Humanas Transcontinentales*, n.8, pp. 75-96, 2022.

FELIPE, Beatriz; IGLESIAS, Daniel; VILLAVICENCIO, Paola. "Migraciones climáticas: el papel de los derechos humanos para superar el persistente vacío jurídico". *In*: *Revista Latinoamericana de Derechos Humanos*, vol. 30, no.1, pp. 15-46, 2019.

FERREIRA, Helini; ROBINSON, Nicholas; SERRAGLIO, Diogo. "Migrações climáticas e cidades resilientes: uma nova agenda urbana para o desenvolvimento sustentável". *In*: *Revista de Direito da Cidade*, vol. 40, no.83, pp. 10-46, 2019.

FERREIRA, José; PAIVA, Anna; BRANDÃO, Anastácio. "Representações dos retirantes das Secas do semiárido nordestino". *In*: *Desenvolvimento e Meio Ambiente*, vol. 55, pp. 9-27, 2020.

FOURISSALA, Robert; GORMO, Jean. "Changement climatique et migration dans la bande sahélienne du Tchad". *In*: *Locus*, vol. 18, no.2, pp. 163-180, 2012.

FÜHR, Rodrigo; ANSCHAU, Ana; GONÇALVES, Verônica. "Central American Migrant Caravans and the US: investigating the consequences of overlooking the climate-displacement nexus". *In*: *Monções*, vol.10, no.19, pp-529-560, 2021.

GALVÃO, Maria. RICARTE, Ivan. "Revisão Sistemática da Literatura: conceituação, produção e publicação". *In*: *Logeion*, vol, 6, no.1, pp. 57-73, 2019.

GORGEN, Bruna; CÉSAR, Carolina. "Migrações e meio ambiente: desafios contemporâneos e o debate acerca dos 'refugiados ambientais'". *In*: *Conversas e Controvérsias* (online), v.6, n.2, 2019.

GRISUL. *Pacha: defendiendo la tierra. Extractivismo, conflictos y alternativas en América Latina y Caribe.* UNIRIO: Rio de Janeiro, 2018. Disponível em: **https://www.academia.edu/37861594/_2018_PACHA_DEFENDIENDO_LA_TIERRA_Extractivismo_conflictos_y_alternativas_en_América_Latina_y_Caribe.**

IDMC (Internal Displacement Monitoring Centre). *Global Report on Internal Displacement 2023*: Internal displacement and food security. Geneva: The Internal Displacement Monitoring Centre, 2013.

IOM (International Organization for Migration). *Migration, Environment and Climate Change*: Evidence for Policy (MECLEP). Geneva: IOM, 2014.

IOM (International Organization for Migration) *Glossary on Migration. International Migration Law*. Geneva: International Organization for Migration, 2019.

LACZKO, F.; AGHAZARM, Christine (eds.). *Migration, Environment and Climate Change*: Assessing the Evidence. OIM: Geneva, pp. 9-40, 2009.

LANGOSKI, Deisemara. "A hospitalidade como política pública ao ius migrandi". *In*: *RelaCult*, vol. 5, no. 4, pp. 1-18, 2019.

MARTINELLO, André; MONTYSUMA, Marcus. "Experiências e percepções ambientais de migrantes japoneses no sul do brasil, anos 1950-1970". *In*: *Fronteiras*, no.24, pp. 135-159, 2014.

MCAULIFFE, M.; A. TRIANDAFYLLIDOU, A. (eds.). *Informe sobre las Migraciones en el Mundo 2022*. Organización Internacional para las Migraciones (OIM), Ginebra, 2022.

MONTEIRO, Silvio; VEIGA, Elcio; FERNANDES, Eder; FERNANDES, Hermelindo; RODRIGUES, Jair; CUNHA, Lúcio. "Crescimento urbano espontâneo e riscos naturais na cidade da Praia (Cabo Verde)". *In*: *Cadernos de Geografia*, no. 30-31, pp. 117-130, 2011.

MOVE-LAM. *Visibilizar para proteger*: Un abordaje de datos e información sobre movilidad humana en el contexto de desastres y cambio climático en Brasil, Chile, Colombia, Costa Rica, Guatemala y México. Primer Informe MOVE-LAM, RESAMA, Universidad para la Paz. San José, 2021.

NETO, A.; CORREIA, S.; ALVES, S.; DE SOUZA, W.; GALVÍNCIO, J.; DE ARAÚJO, M. "Mudanças climáticas, eventos extremos e deslocados ambientais: caso Palmares/PE". *In*: *Revista Movimentos Sociais e Dinâmicas Espaciais*, vo. 7, no, 1, pp. 210-228, 2018.

NETO, Francisco; OLIVEIRA, Gustavo. "A proteção dos direitos dos refugiados ambientais no ordenamento jurídico brasileiro". *In*: *Revista Vertentes do Direito*, v. 6, n.2, p. 23-38, 2019.

RELLY, Eduardo. "Imigração alemã, ciência imperial e a tradução/colonização de ecologias locais do clima subtropical na América do Sul". *In*: *Fronteiras*, no.39, pp. 119-136, 2022.

REIS, Victor. (2015), "Fontes de Rendimento das Famílias Rurais e a Segurança Alimentar em Cabo Verde", *Cadernos de Estudos Africanos*, no, 29 (online).

RISSON, Ana; MORÉ, Carmen. "Acolhimento e intervenção às famílias haitianas na perspectiva da abordagem multidimensional ecossistêmica comparativa". *In*: *Pretextos*, vol.6, no.12, pp. 23-35, 2022.

RODRIGUES, Denise; MORAES, Roberta; SATO, Michele. "Lugares invisíveis: imagens de resistências de mulheres migrantes". *In*: *Remea*, vol, 37, no.2, pp. 268-285, 2020.

SAMPAIO, José; DE OLIVEIRA, Edson. "A Justiça Espacial e Ambiental e a teoria do risco: a responsabilidade do governo na prevenção contra desastres (no Brasil)". *In*: *Revista de Direito Internacional*, vol.16, no.2, pp. 169-202, 2019.

SCHIMITT, Thales; GONÇALVES, Verônica. "A migração ambiental no regime internacional de mudança climática sob a perspectiva da AOSIS". *In*: *Conversas e Controvérsias* (online), vol. 6, no.1, 2019.

ST'AHEL, R. "Sustainable development in the shadow of climate change". *In*: *Civitas*, vol. 19, no.2, pp. 337-353, 2019.

THE NANCE INITIATIVE. Agenda for the Protection of Cross-Border Displaced Persons in the Context of Disasters and Climate Change. vol. 1, December, 2015. The Nance Initiative, 2015.

VILLARREAL, María. "Migraciones ambientales: marcos normativos y políticas públicas en América Latina y el Caribe". *In*: NEJAMKIS, L; CONTI, L; AKSAKAL, M. (Org.). *(Re)pensando el vínculo entre migración y crisis. Perspectivas desde América Latina y Europa*. 1 ed.Buenos Aires: CLACSO, CALAS, vol. 1, pp. 141-16, 2021.

CONSIDERAÇÕES FINAIS

CONSIDERAÇÕES SOBRE O PRIMEIRO SEMINÁRIO DO OIMC "ANTROPOCENO, MUDANÇAS CLIMÁTICAS E CIÊNCIAS SOCIAIS NO BRASIL": FUTURAS AGENDAS DE PESQUISA

Carlos R. S. Milani

Nesta coletânea, apresentamos as principais contribuições de pesquisadoras e pesquisadores nacionais e estrangeiros em torno dos desafios que a emergência climática traz para as ciências sociais e humanas. Essas contribuições foram debatidas durante o Primeiro Seminário do Observatório Interdisciplinar das Mudanças Climáticas (OIMC), da Universidade do Estado do Rio de Janeiro (UERJ), intitulado "Antropoceno, Mudanças Climáticas e Ciências Sociais no Brasil", nos dias 30 e 31 de março de 2023. Neste ano da COP-30, em Belém do Pará, muitos dos problemas analisados nesta obra seguem atuais e urgentes para a agenda de políticas públicas no Brasil e no mundo, seja para pensar modelos de transição energética, ecológica e social, seja para conceber e implementar modelos de agricultura não-intensivos em emissões de gases de efeito estufa (GEE). A fim de encerrar esta coletânea, mas não os debates em torno das problemáticas aqui analisadas, gostaria de ressaltar duas ideias centrais que perpassaram os capítulos aqui reunidos e que podem alimentar reflexões e ações futuras do OIMC, da UERJ e das universidades e dos centros de pesquisa que são parceiros neste projeto. São elas a justiça climática no centro do debate contemporâneo sobre desenvolvimento e democracia e o papel crucial das ciências sociais e humanas para conceber propostas e alternativas de saída democrática, eficaz, justa e inclusiva da profunda crise em que nos encontramos.

A justiça climática no debate contemporâneo sobre desenvolvimento e democracia

Justiça climática é uma espécie de conceito guarda-chuva ancorado nos efeitos nada proporcionais das mudanças climáticas antropogênicas sobre os indivíduos, grupos sociais, comunidades e nações mais vulneráveis, ao mesmo tempo em que reafirma as responsabilidades causais diferenciadas nas emissões históricas e atuais dos GEE. Considerar as emissões históricas é fundamental por, pelo menos, dois motivos: em função da natureza do problema científico que envolve a permanência de GEE na atmosfera por muitas décadas, como no caso do CO_2 e do N_2O que, em média, permanecem na atmosfera por cerca de 100-110 anos; em razão da dimensão ética do problema, uma vez que alguns indivíduos e algumas sociedades consumiram mais energia (fóssil) e emitiram mais GEE do que outros e essa desigualdade que lhes favoreceu deve ser considerada no cálculo da 'divisão do bolo' climático. Portanto, o conceito de justiça climática integra aspectos de assimetria na responsabilidade e nos impactos da emergência climática, equidade e justiça, assim conectando-se a outras formas de injustiça (social, econômica, de gênero, racial, étnica), à bandeira política dos direitos humanos e, finalmente, ao processo decisório na formulação, implementação e avaliação das políticas públicas.

A justiça climática é um dos eixos fundacionais da agenda substantiva do OIMC e atravessa os debates trazidos nos diferentes capítulos desta coletânea. Afinal, não seria nada justo imaginar que pequenos estados insulares em desenvolvimento que em quase nada contribuíram para a geração do problema tenham de assumir igual ou semelhante ônus nos financiamentos necessários das políticas de mitigação e adaptação climática (Page, 2008). No caso de um país como o Brasil, o mesmo raciocínio aplica-se aos mais pobres, à população negra (e racializada) e às comunidades indígenas (Ferdinand, 2022). A justiça climática também incide no mundo econômico e empresarial: como lembra Richard Heede, 90 empresas produtoras de combustíveis fósseis e cimento foram responsáveis por 63% do total de emissões de gás carbônico (CO_2) e metano, entre 1751 e 2010; essas empresas que ele denominou de *carbon majors* responderam por metade do total das emissões acumuladas entre 1986 e 2013 (Heede, 2014). Ao emitirem GEE, essas empresas se beneficiaram economicamente e, aplicando-se o conceito de justiça climática, deveriam assumir parte equivalente do fardo climático, ou seja, dos custos associados à implementação de políticas de mitigação, adaptação e reparação de danos (Jamieson, 2011). A justiça climática também afeta diretamente a nossa responsabilidade em relação a gerações futuras: o que não fizermos hoje ou o que emitirmos em quantidade de GEE nos dias atuais afetará a qualidade de vida e a própria vida de crianças, jovens e adultos de amanhã. Daí surge o debate sobre a responsabilidade intergeracional que vem embutido no conceito de justiça climática (Gardiner, 2004). Mais ainda, o debate sobre justiça climática diz respeito à necessidade de se repensarem as relações entre humanos e natureza, precipitando noções importantes como os direitos da natureza no campo jurídico e político contemporâneo (Gudynas, 2019; Lourenço, 2019).

Do conceito guarda-chuva e do princípio ético à concretude da política e aos interesses engendrados no capitalismo, a travessia que encontra a justiça climática é turbulenta e conflitiva (Bond, 2012).

Isso porque, em suma, a emergência climática implica, pelo menos, dois desafios de envergadura. O primeiro é o desafio de superar o capitalismo fóssil ou, pelo menos, de domá-lo e, assim, redefinir os modelos de desenvolvimento em bases fortemente sustentáveis do ponto de vista social, ambiental e ecológico. A emergência climática impõe reduzir drasticamente o uso de fontes energéticas fósseis (petróleo, gás e carvão), que estiveram nos primórdios da sustentação do capitalismo industrial e hoje se encontram estreitamente articuladas com o capitalismo financeiro. Segundo a Agência Internacional de Energia, em seu relatório de 2024, os investimentos em combustíveis fósseis continuaram em alta em 2023 e 2024, chegando a mais de 1,12 trilhões de dólares em 2024. Em contraste com essa realidade, os investimentos em energias renováveis se aproximaram de US$ 320 bilhões em 2024, um aumento de mais de 50% desde 2020, principalmente na China, mas ainda muito aquém do necessário. Índia, Brasil, países do Sudeste Asiático também apresentam alguns avanços (modestos) no setor (AIE, 2024). Quais as regulações políticas necessárias para reduzir o peso (econômico e político) da indústria fóssil nos modelos de desenvolvimento atuais? Que poderes se organizam a fim de obstruir a agenda de transformação? E como se organizam?

O clima está na moda, mas atenção: tratar a emergência climática de modo superficial e como um fenômeno publicitário não implica assumir compromissos profundos com a complexa agenda de transformação do mundo. A defesa do capitalismo verde pode ser simples expressão dos novos tempos do *greenwashing*, ou seja, um conjunto de práticas retóricas de apoio às políticas climáticas sem efetiva mudança nos processos de produção, circulação e consumo de bens e serviços. Assim, muitos operadores do setor fóssil, do agronegócio, do setor automobilístico e de utensílios domésticos, do mundo publicitário, *think tanks* e fundações, entre outros, converteram-se em atores de obstrução climática. A obstrução climática nega, procrastina ou bloqueia a agenda climática, incluindo as modalidades mais diversas de negacionismo literal e interpretativo, financiamento de campanhas eleitorais em apoio a candidatos negacionistas, lobby político para evitar legislações climáticas ambiciosas, tentativas de influência sobre os processos de negociação multilateral, práticas ilegais de grilagem e de desmatamento (Roberts *et al.*, 2025).

Está claro, portanto, que a emergência climática nos apresenta um segundo desafio de envergadura: o de redesenhar a democracia diante das ameaças da extrema-direita, das autocracias, dos autoritarismos e da proliferação de lideranças antidemocráticas e contrárias à agenda climática. Narrativas e práticas antidemocráticas podem estar presentes em diferentes regimes políticos, ditaduras, autocracias, inclusive em democracias. Vários intelectuais já alertaram para o fato de que, na atual onda antidemocrática e ultraconservadora, grupos de extrema direita interferem na relação entre democracia e capitalismo (Brown, 2019; Latour, 2020; Levitsky; Ziblatt, 2018; Rancière, 2005) em detrimento da soberania popular. Interferem, igualmente, na produção e disseminação de desinformação climática, usando os mais diversos canais de comunicação, sobretudo as redes sociais. No caso brasileiro, o governo de Jair Bolsonaro ilustrou claramente como governos eleitos podem praticar a distorção factual e buscar deslegitimar a ciência climática, justamente porque visam a rejeitar as consequências econômicas, sociais e políticas da emergência climática (Duarte; Milani, 2024; Silva *et al.*, 2024). Com o novo mandato de Lula, as contradições passam a integrar a (ampla e frágil) coalizão de apoio ao governo, onde muitos retrocessos foram sanados, muitos avanços ocorreram, mas ainda persistem as influências de um desenvolvimentismo que privilegia os ganhos econômicos de curto prazo pautados em jogos de soma zero entre natureza e economia. A exploração de petróleo em regiões ecologicamente sensíveis não produzirá desenvolvimento, mas apenas *royalties* cuja finalidade está frequentemente distante da promoção de políticas públicas inclusivas e de melhorias na qualidade de vida para as populações e as comunidades que mais necessitam.

O papel crucial das ciências sociais e humanas

Embora as mudanças climáticas antropogênicas, geradas pela humanidade e aceleradas pelo capitalismo, sejam estudadas por diversos especialistas brasileiros, poucas instituições de ensino e pesquisa trabalham a temática de modo integrado e interdisciplinar, sob a ótica das ciências sociais e humanas. O OIMC, criado oficialmente em 2 de outubro de 2020 no seio da UERJ, nasceu com o propósito de contribuir e preencher essa lacuna. Desde sua criação, o OIMC concebe e desenvolve atividades de pesquisa, formação e incidência social e política, tendo avançado na constituição de uma equipe coesa com professores e pesquisadores de diferentes níveis, da UERJ e de outras universidades; na construção do website (www.obsinterclima.eco.br) em português e inglês; no desenvolvimento de cursos de graduação (Antropoceno, mudanças climáticas e relações internacionais) e pós (Política, meio ambiente e mudanças climáticas na América Latina); na organização de 4 Ciclos de Webinars do OIMC enquanto cursos de extensão da UERJ (https://obsinterclima.eco.br/ciclos-de-webinars/); nas orientações de IC, mestrado, doutorado e pós-doutorado; no lançamento de uma publicação própria em fluxo contínuo, os Cadernos do OIMC, com 14 números publicados (http://obsinterclima.eco.br/cadernos/) e, em 2024, do primeiro livro da coleção *Emergência Climática*, em cooperação com a Mórula Editorial. Este é o segundo volume da coleção.

O resultado dos primeiros cinco anos do OIMC é promissor. A formação do Observatório, contando com membros reconhecidos na comunidade científica e responsáveis pela produção de conhecimentos inovadores em suas respectivas áreas do saber, apresenta grande potencial de inovação e enseja a institucionalização do tema da emergência climática por meio de parcerias entre universidades, organizações da sociedade civil e articulações de políticas públicas no Brasil e no mundo. A interdisciplinaridade e a visão integrada são premissas essenciais do OIMC, que entende inovação como toda e qualquer nova forma de pensar, criar e usar conhecimentos, métodos, técnicas e instrumentos para estimular lideranças e gerar oportunidades criativas capazes de disseminar o espírito empreendedor e o processo de desenvolvimento de soluções para problemas reais, tais como produtos, metodologias e políticas públicas que ampliem qualidade de vida e desenvolvimento intelectual e profissional de indivíduos e coletividades.

O diálogo interdisciplinar é fundamental para romper o paradigma utilitarista e racionalista das ciências naturais ao estudar as causas e os efeitos da emergência climática. Somente por meio da interdisciplinaridade é possível entender como e por que a ação política segue muito aquém do necessário e do que apontam os próprios cientistas do clima reunidos no Painel Intergovernamental das Mudanças Climáticas (IPCC). As conexões entre ciência e política nunca foram e não são lineares; a ciência está inserida na sociedade e na política, portanto, tensionadas pelas contradições, pelos conflitos de interesse e pelas divergências de visão de mundo sobre as relações entre natureza, sociedade e economia. Ademais, somente por meio da interdisciplinaridade se logra construir uma abordagem crítica e profunda das dimensões humana, social e política das mudanças climáticas antropogênicas. As ciências naturais e exatas são fundamentais na definição de algumas causalidades e na construção de cenários futuros diante do que se faz hoje para mitigar as emissões de GEE. No entanto, não explicam, nem interpretam como e por que os agentes econômicos, os operadores da política e os atores sociais se movem nos tabuleiros da ecopolítica do local ao global.

Portanto, o OIMC tem por desafio ajudar a construir as pontes necessárias entre esses mundos da ciência e da política. E isso sem esquecer que outros saberes — tradicionais, locais e indígenas — têm muito a contribuir na complexa tarefa de construção da interculturalidade, de novos paradigmas epistêmicos que permitam o entendimento profundo do nexo humano-natureza, mas também de caminhos de superação das múltiplas crises da contemporaneidade, o que o filósofo Edgar Morin chamou de 'policrise' (Morin; Kern, 1993).[1] A renovação dos diálogos entre ciências, saberes e política encontra-se na base do conceito de policrise, cuja compreensão nos ajuda a entender claramente que são muitas as transições necessárias para fazermos frente à emergência climática. Mais do que uma transição energética pautada na simples eletrificação de veículos automotores, trata-se de um conjunto de transições nos campos social, ecológico, econômico e tecnológico.

Por meio de abordagens interdisciplinares, críticas, plurais e conscientes das contradições e da complexidade envolvendo a agenda da emergência climática, o OIMC tem contribuído para consolidar o tema das mudanças climáticas como campo de estudos nas ciências sociais e humanas, realizando pesquisas de impacto e formando novas gerações de pesquisadores para atuarem nessa agenda estruturante das políticas públicas, respondendo aos ODS, à Agenda 2030 e aos desafios que serão lançados na COP-30 em Belém. O tema das mudanças climáticas é uma agenda institucional relevante e transversal no desenvolvimento de pesquisas e no planejamento da formação (graduação, pós-graduação e extensão), com potencial importante de transformação das percepções e dos comportamentos dos indivíduos envolvidos, pesquisadores (jovens e confirmados), professores, estudantes e membros de instituições parceiras. A Universidade precisa responder à altura dos desafios lançados. No caso do OIMC, não apenas o incremento de pesquisas na graduação,

1. A obra *Terra Pátria* foi traduzida em muitos idiomas e inúmeros pesquisadores, políticos e organizações passaram a utilizar o conceito, remetendo à convergência de crises distintas, da entropia do clima à perda acelerada da biodiversidade, da acidificação dos oceanos à contaminação dos solos e lençóis freáticos, das crises financeiras ao aumento das desigualdades em vários países, do Norte e do Sul.

mestrado e doutorado já aparecem como resultado de suas ações iniciais, como também o envolvimento com outras instituições e com ações de extensão e divulgação científica tem sido parte das responsabilidades assumidas pelo Observatório no seio da UERJ. O apoio da FAPERJ, da CAPES, do CNPq e do Instituto Clima e Sociedade tem sido fundamental nessa jovem trajetória do OIMC.

AIE (Agência Internacional de Energia). *World Energy Investment 2024*. Paris: Organização para Cooperação e Desenvolvimento Econômico (OCDE), 2024. Disponível em: **https://www.iea.org/reports/world-energy-investment-2024**. Acesso em 2 de fevereiro de 2024.

BOND, Patrick. *Politics of Climate Justice*. Scottsville: University of Kwazulu-Natal Press, 2012.

BROWN, Wendy. *Nas ruínas do neoliberalismo*. São Paulo: Filosófica Politeia, 2019.

DUARTE, Rubens de S.; MILANI, Carlos R. S. (orgs.). *Política externa, lideranças autoritárias e ultraconservadorismo*. Curitiba: Appris, 2024.

LATOUR, Bruno. *Onde aterrar? Como se orientar politicamente no Antropoceno*. Rio de Janeiro: Bazar do Tempo, 2020.

FERDINAND, Malcom. *Uma Ecologia Decolonial*: pensar a partir do mundo caribenho. São Paulo: Ubu Editora, 2022.

GARDINER, Stephen. "Ethics and Global Climate Change". *In*: *Ethics*, vol. 114, p. 555-600, 2024.

GUDYNAS, Eduardo. *Direitos da Natureza*: ética biocêntrica e políticas ambientais. São Paulo: Editora Elefante, 2019.

HEEDE, Richard. "Tracing Anthropogenic Carbon Dioxide and Methane Emissions to Fossil Fuel and Cement Producers, 1854–2010". *In*: *Climatic Change*, vol. 122, n. 1, p. 229-41, 2014.

JAMIESON, Dale. "Energy, ethics and the transformation of nature". *In*: Arnold, Denis (org.), *The Ethics of Global Climate Change*. Cambridge: Cambridge University Press, p. 16-37, 2011.

LEVITSKY, Steven; ZIBLATT, Daniel. *How Democracies Die*. New York: Crown, 2018.

LOURENÇO, Daniel Braga. *Qual o valor da natureza? Uma introdução à ética ambiental.* São Paulo: Editora Elefante, 2019.

MORIN, Edgar; KERN, Anne-Brigitte. *Terre Patrie*, Paris: Seuil, 1993.

PAGE, Edward A. "Distributing the burdens of climate change". *In*: *Environmental Politics*, vol. 17, n. 4, p. 556-575, 2008.

RANCIÈRE, Jacques. *O ódio à democracia.* São Paulo: Boitempo, 2014.

ROBERTS, Timmons, MILANI, Carlos R. S., JACQUET, Jennifer; DOWNIE, Christian. *Climate Obstruction*: A Global Assessment. Oxford University Press, 2025.

SILVA, Danielle Costa da; LIMA, Maria Isabel S.; TRIANI, Beatriz. "A Verdade acima de tudo: os fatores antidemocráticos e negacionistas da política externa climática do governo Bolsonaro". *In*: DUARTE, Rubens de S.; MILANI, Carlos R. S. (orgs.). *Política externa, lideranças autoritárias e ultraconservadorismo.* Curitiba: Appris, p. 231-274, 2024.

SOBRE AS AUTORAS E OS AUTORES

ADEMAR R. MARTINS DE VASCONCELOS é doutor em Ciências do Ambiente e Sustentabilidade na Amazônia pela Universidade Federal do Amazonas (UFAM), Graduado em Tecnologia em Gestão Ambiental pelo Centro Universitário Leonardo da Vinci (UNIASSELVI). Tem experiência na área de ciências ambientais e gestão de projetos. Atualmente integra projetos de pesquisas no Núcleo de Socioeconomia (NUSEC/UFAM) e no Laboratório Multitemático (LabMult/UFAM) nas seguintes áreas: Gestão Ambiental, Sustentabilidade, Bioeconomia, Conservação da Sociobiodiversidade e Gestão de Projetos Ambientais. ORCID: 0000-0003-2107-5880.

CARLOS R. S. MILANI é professor titular de Relações Internacionais no Instituto de Estudos Sociais e Políticos da Universidade do Estado do Rio de Janeiro (IESP/UERJ), pesquisador do Conselho Nacional de Desenvolvimento Científico e Tecnológico (CNPq) e Cientista do Nosso Estado (Fundação de Amparo à Pesquisa do Estado do Rio de Janeiro — FAPERJ). Após seu doutorado na Ecole des Hautes Etudes en Sciences Sociales (1997), fez pós-doutorado na Universidade Federal da Bahia (UFBA), onde também foi professor, em Sciences Po

Paris (2008) e na Universidade da Califórnia-Berkeley (2017). Em 2023, foi Pesquisador Residente no Stellenbosch Institute for Advanced Study (STIAS). Fundador do Laboratório de Análise Política Mundial (LABMUNDO), atualmente coordena o Observatório Interdisciplinar das Mudanças Climáticas da UERJ, criado em 2020. Seus projetos de pesquisa, cursos ministrados e publicações encontram-se disponíveis em www.carlosmilani.com.br. ORCID: 0000-0001-8204-6827.

DANIELLE COSTA DA SILVA é doutora e mestre em Ciência Política pelo IESP-UERJ. Pós-Doutorado realizado no PPGRI-UERJ no período 2017-2018. Professora Adjunta do Instituto de Relações Internacionais e Defesa da Universidade Federal do Rio de Janeiro (IRID-UFRJ), onde coordena a graduação do curso de Relações Internacionais. Pesquisadora do Labmundo (IESP-UERJ) e do Observatório Interdisciplinar de Mudanças Climáticas (OIMC-UERJ). Laureada com a Menção Especial da VII Edição do Concurso de Teses Guillermo O'Donnell (2017) da ALACIP. ORCID: 0000-0002-2925-8852.

DANIELLE HANNA RACHED é professora do Instituto de Relações Internacionais da USP. Desenvolve pesquisa nos seguintes temas: processos de autocratização e agenda climática; governança global ambiental e possibilidades democráticas; política externa brasileira na área ambiental, e o papel dos movimentos sociais na demanda por justiça climática. ORCID: 0000-0002-6759-3459.

DENISE VITALE é doutora em Direito pela Universidade de São Paulo. É Professora Associada da Universidade Federal da Bahia (UFBA). Professora dos Programas de Pós-Graduação em Relações Internacionais e em Ciência Política, bem como pesquisadora do CNPq. Desenvolve pesquisas sobre democracia, participação, movimentos sociais, meio ambiente, clima e gênero. ORCID: 0000-0002-0777-3642.

DIOGO IVES é doutor em Ciência Política pelo Instituto de Estudos Sociais e Políticos da Universidade do Estado do Rio de Janeiro (IESP/UERJ). Atualmente, é coordenador-adjunto do Observatório Político Sul-Americano (OPSA) e pesquisador associado do Observatório Interdisciplinar das Mudanças Climáticas (OIMC), ambos sediados no IESP-UERJ. Nesta instituição, também realiza pesquisa de pós-doutorado sobre mudanças climáticas, discursos negacionistas e política externa brasileira, com bolsa da FAPERJ. ORCID: 000-0002-4349-4413

ELISABETH MÖHLE é licenciada em Ciências Ambientais pela Universidad del Salvador, mestre em Políticas Públicas e Gestão do Desenvolvimento pela Universidad Nacional de San Martín (UNSAM) e pela Georgetown University. É doutoranda em Ciência Política na UNSAM, com uma tese que investiga os fatores que explicam as diferenças na implementação de energias renováveis nos países latino-americanos. Atua como professora, divulgadora e consultora em temas de transição energética e desenvolvimento sustentável. ORCID: 0000-0003-0875-3747.

ENARA ECHART MUÑOZ é professora do Departamento de Relações Internacionais e História Global da Faculdade de Ciências Políticas da Universidade Complutense de Madri (UCM). Cocoordenadora do Grupo de Pesquisa sobre Relações Internacionais e Sul Global (GRISUL). ORCID: 0000-0002-0636-0301.

HENRI ACSELRAD possui mestrado em Economia pela Université Paris 1 (Panthéon-Sorbonne) e doutorado em Planejamento, Economia Pública e Organização do Território pela Université Paris 1 (Panthéon-Sorbonne) (1980). Atualmente, é Professor Titular do Instituto de Pesquisa e Planejamento Urbano e Regional (IPPUR-UFRJ). Tem experiência na área de Planejamento Urbano e Regional, atuando principalmente nos seguintes temas: modelos de desenvolvimento e conflitos ambientais; ecologia política da sustentabilidade; política e regulação ambiental; apropriações sociais da sustentabilidade urbana; movimentos sociais, desigualdade e justiça ambiental; cartografia social. ORCID: 0000-0001-5774-5220.

HENRIQUE DOS SANTOS PEREIRA é agrônomo (UFAM, 1984), mestre em Biologia (INPA, 1992) e doutor em Ecologia (PSU,1999). Professor titular e Assessor Especial de Relações Internacionais da Universidade Federal do Amazonas. Docente e pesquisador convidado do Instituto Nacional de Pesquisas da Amazônia. Secretário executivo da Associação Nacional de Pós-graduação e Pesquisa em Ambiente e Sociedade. Coordenador temático da área de ecologia do Instituto Acariquara. É membro titular da Academia Brasileira de Ciências Agronômica. Conselheiro representante da UFAM junto ao Conselho Estadual de Meio Ambiente do Estado do Amazonas. Membro do Comitê Científico Metodológico — CCM da Política Estadual de Serviços Ambientais do Amazonas. ORCID: 0000-0002-9113-1166.

LEILA DA COSTA FERREIRA é Professora Titular de Sociologia do Instituto de Filosofia e Ciências Humanas da UNICAMP. Pesquisadora sênior do NEPAM-UNICAMP. Tem experiência na área de Sociologia, com ênfase em Sociologia Ambiental, atuando principalmente nos seguintes temas: sociologia ambiental, sustentabilidade, interdisciplinaridade, questão ambiental e teoria social. Bolsista de Produtividade do CNPq-1D. ORCID: 0000-0003-4138-9860.

LUCAS CHRISTEL é doutor em Ciência Política e mestre em Políticas Públicas e Gestão do Desenvolvimento pela Universidad Nacional de San Martín (UNSAM). Atualmente, é pesquisador assistente no CONICET, diretor da Licenciatura em Ciência Política da UNSAM e professor adjunto na Escola de Política e Governo da mesma universidade. Em sua pesquisa atual, analisa controvérsias sociotécnicas em torno dos riscos das indústrias extrativas e investiga formas de aprimorar as práticas institucionais e democráticas para lidar com essas controvérsias. Seus interesses de pesquisa incluem dinâmicas de ação coletiva, política ambiental, mudanças climáticas e questões relacionadas à biodiversidade. ORCID: 0000-0002-6989-1150.

LUISA HARDUIM é doutoranda e mestre em Sociologia pelo Instituto de Estudos Sociais e Políticos da Universidade do Estado do Rio de Janeiro (IESP-UERJ), é licenciada em Ciências Sociais pela Universidade Federal Fluminense. Pesquisadora colaboradora do Observatório Interdisciplinar das Mudanças Climáticas (OIMC) e do Núcleo de Estudos de Teoria Social e América Latina (NETSAL), pesquisa atualmente o conceito de natureza e suas implicações para as mudanças climáticas antropogênicas e a modernidade. ORCID: 0000-0003-3434-6635.

MARÍA DEL CARMEN VILLARREAL VILLAMAR é Professora Adjunta do curso de Relações Internacionais da Universidade Federal Rural do Rio de Janeiro (UFRRJ). Professora Permanente do Programa de Pós-graduação em Ciência Política (PPGCP) da Universidade Federal do Estado do Rio de Janeiro (UNIRIO). Cocoordenadora do Grupo de Pesquisa sobre Relações Internacionais e Sul Global (GRISUL) e membro do Núcleo Interdisciplinar de Estudos Migratórios (NIEM). ORCID: 0000-0002-7255-2432.

MARIANA CASTRO é doutoranda em Ciência Política no Instituto de Estudos Sociais e Políticos da Universidade do Estado do Rio de Janeiro (IESP-UERJ), com doutorado-sanduíche realizado no German Institute of Global and Area Studies (GIGA), é mestra pelo Programa de Pós-Graduação em Políticas Públicas em Direitos Humanos (NEPP-DH) da Universidade Federal do Rio de Janeiro (UFRJ). Possui graduação em Defesa e Gestão Estratégica Internacional pela UFRJ e atua como pesquisadora colaboradora do Observatório Interdisciplinar das Mudanças Climáticas (OIMC) e pesquisadora do Laboratório de

Análise Política Mundial (LABMUNDO), principalmente nas áreas de estudos migratórios, estudos de gênero e mudanças climáticas. ORCID: 0000-0003-0028-5045.

MARTA RODRIGUEZ DE ASSIS MACHADO possui graduação (1999), mestrado (2003) e doutorado (2007) em Direito pela Universidade de São Paulo. É professora da Escola de Direito de São Paulo da Fundação Getúlio Vargas, bem como faz parte do corpo docente do programa de mestrado em direito e desenvolvimento na referida instituição. É pesquisadora sênior do Centro Brasileiro de Análise e Planejamento (CEBRAP). Desenvolve pesquisas em direito penal, teoria geral do direito e sociologia do direito. ORCID: 0000-0002-8924-089X.

MYANNA LAHSEN é Pesquisadora Titular III no Centro de Ciência do Sistema Terrestre do Instituto Nacional de Pesquisas Espaciais (INPE). Atuou recentemente como Associate Professor na Wageningen University na Holanda, no Departamento de Ciências Sociais. Estuda as dinâmicas socioculturais relacionadas com mudanças ambientais globais, com a sustentabilidade ambiental e o desenvolvimento, atuando nas áreas de estudos do meio ambiente, estudos de ciência e tecnologia (STS), e antropóloga cultural. ORCID: 0000-0001-5225-2048.

MYRIAM LOPES é professora associada no Departamento de Ambiente e Ordenamento da Universidade de Aveiro e pesquisadora no Centro de Estudos do Ambiente e do Mar (CESAM), onde atua como vice-coordenadora. É doutora em Ciências Aplicadas ao Ambiente, com mestrado em Poluição do Ar e graduação em Engenharia do Ambiente. Realizou intercâmbio na Universidad Complutense de Madrid durante a graduação. Sua pesquisa se concentra em poluição atmosférica e seus efeitos na saúde, gestão da qualidade do ar, mitigação e adaptação às mudanças climáticas (com destaque para soluções baseadas na natureza), gestão ambiental, políticas públicas, sustentabilidade urbana, metabolismo urbano, economia circular e engajamento cidadão em políticas ambientais e planejamento urbano. ORCID: 0000-0002-7624-1279.

PABLO DE REZENDE SATURNINO BRAGA é doutor em Ciência Política pelo IESP-UERJ. Professor Adjunto do Departamento de Relações Internacionais (DRI) da Universidade do Estado do Rio de Janeiro (UERJ) e de seu Programa de Pós-Graduação em Relações Internacionais (PPGRI). Atua como analista de relações internacionais da FUNAG, vinculada ao Itamaraty, e é pesquisador do Labmundo (IESP-UERJ) e pesquisador-associado no OIMC-UERJ. ORCID: 0000-0002-4553-2671.

RICARDO GUTIÉRREZ é graduado em Ciência Política e mestre em Pesquisa em Ciências Sociais pela Universidade de Buenos Aires, além de doutor em Ciência Política pela Universidade Johns Hopkins. Atua como professor e diretor da Escola de Política e Governo da Universidade Nacional de San Martín, além de pesquisador principal no Conselho Nacional de Pesquisas Científicas e Técnicas (CONICET). Possui ampla produção publicada na Argentina e em meios internacionais sobre questões ambientais na Argentina e na América Latina. Atualmente, desenvolve pesquisas sobre políticas ambientais nas províncias argentinas, com foco na proteção de florestas nativas e na política climática no país. Sua análise se concentra principalmente nas múltiplas interações entre atores estatais, sociais e econômicos. ORCID: 0000-0002-1400-6257.

1ª edição	outubro 2025
impressão	jmv
papel miolo	pólen bold 90g/m²
papel capa	cartão supremo 300g/m²
tipografia	kievit e supria